北京理工大学"双一流"建设精品出版工程

The fundamental and application of ultrafast dynamics

超快动力学基础及应用

孙靖雅　郭宝山 ◎ 编著

U0234528

北京理工大学出版社
BEIJING INSTITUTE OF TECHNOLOGY PRESS

图书在版编目（CIP）数据

超快动力学基础及应用／孙靖雅，郭宝山编著. －－
北京：北京理工大学出版社，2023.11
ISBN 978－7－5763－3195－0

Ⅰ．①超… Ⅱ．①孙… ②郭… Ⅲ．①激光技术－瞬
态响应－动力学 Ⅳ．①TN24

中国国家版本馆 CIP 数据核字（2023）第 237355 号

责任编辑：李颖颖　　　　文案编辑：李颖颖
责任校对：周瑞红　　　　责任印制：李志强

出版发行／北京理工大学出版社有限责任公司
社　　址／北京市丰台区四合庄路 6 号
邮　　编／100070
电　　话／（010）68944439（学术售后服务热线）
网　　址／http://www.bitpress.com.cn

版 印 次／2023 年 11 月第 1 版第 1 次印刷
印　　刷／保定市中画美凯印刷有限公司
开　　本／787 mm×1092 mm　1/16
印　　张／10
彩　　插／3
字　　数／232 千字
定　　价／48.00 元

前　言

随着激光脉冲技术与应用的飞速发展，尤其是超快激光技术的日趋成熟，超快激光脉冲被应用于探索物质的结构及物理与化学变化等瞬态动力学行为和过程，为传统的物理、化学、生物、医疗、制造等领域开辟了新的发展方向，涉及电子弛豫、电荷转移、化学价态变化、结构相变等多种超快物理过程，其时间范围落在飞秒（10^{-15} s）到皮秒（10^{-12} s）量级。长期以来，人们一直致力于研究超快时间范围内的关键过程，通过观测技术的研发，不断突破认知边界，开启并形成了多个科学与工程中的全新超快动力学研究领域。

眼见为实（Seeing is believing），我们需要各种探测手段来看到超快过程中到底发生了什么，从而研究这段超快过程的机理。本书结合实际应用详细介绍了超快动态过程的理论基础及多种观测手段的应用研究。

例如，在制造领域，超快激光制造已成为制造技术的前沿和重要生长点之一。通过研究超快激光与材料相互作用的动力学过程，改变材料的物态和性质，可实现微米至纳米尺度或跨尺度的控形与控性，为新能源、新材料等领域的一系列科学问题和工程挑战提供全新解决方案。在新能源领域，载流子表面界面动态过程是关键，通过纳米量级空间和飞秒量级时间的同时观测，可原位调控载流子激发、输运、复合等超快过程，为提高太阳能电池及微纳光电器件效率提供有效手段。

当今，随着阿秒（10^{-18} s）技术的诞生，以及多尺度［至纳秒（10^{-9} s）］研究的需要，本书也拓展至更快的时间极限和更大的时间跨度，为超快激光与材料相互作用提供更广的应用拓展，服务新能源、半导体、集成电路、国防、医疗等国家重大需求领域。

目　录
CONTENTS

第1章　绪论 ·· 001

1.1　超快激光动力学简介 ·· 001

1.2　非线性光学简介 ·· 007

1.3　半导体及其光电特性 ·· 009

参考文献 ·· 011

第2章　超快动力学过程机理 ·· 013

2.1　超快激光与材料相互作用的超快过程 ······································ 013

2.1.1　超快过程概述 ·· 013

2.1.2　载流子激发 ·· 013

2.1.3　热化 ·· 015

2.1.4　相变过程 ·· 016

2.1.5　电子和结构动力学 ·· 016

2.1.6　等离子体膨胀与辐射 ·· 018

2.2　平衡载流子与非平衡载流子 ·· 019

2.2.1　两种载流子 ·· 020

2.2.2　杂质和缺陷 ·· 020

2.3　杂质半导体中的载流子统计 ·· 026

2.3.1　杂志能级 ·· 026

2.3.2　载流子统计 ·· 028

2.3.3　费米能级和杂质浓度 ·· 028

2.4　弛豫时间和寿命 ·· 030

2.4.1　复合的分类 ·· 031

2.4.2　直接复合及载流子寿命 ·· 033

2.4.3　间接复合及载流子寿命 ·· 034

2.4.4　载流子寿命与费米能级的关系 ⋯⋯⋯⋯⋯⋯⋯⋯⋯⋯⋯ 036

2.4.5　载流子寿命与复合中心能级的关系 ⋯⋯⋯⋯⋯⋯⋯⋯⋯ 037

2.4.6　载流子寿命与温度的关系 ⋯⋯⋯⋯⋯⋯⋯⋯⋯⋯⋯⋯⋯ 038

参考文献 ⋯⋯⋯⋯⋯⋯⋯⋯⋯⋯⋯⋯⋯⋯⋯⋯⋯⋯⋯⋯⋯⋯⋯⋯⋯ 040

第3章　超快动力学过程光学探测 ⋯⋯⋯⋯⋯⋯⋯⋯⋯⋯⋯⋯⋯⋯⋯ 045

3.1　泵浦探测技术 ⋯⋯⋯⋯⋯⋯⋯⋯⋯⋯⋯⋯⋯⋯⋯⋯⋯⋯⋯⋯ 045

3.1.1　泵浦探测技术简介 ⋯⋯⋯⋯⋯⋯⋯⋯⋯⋯⋯⋯⋯⋯⋯ 045

3.1.2　飞秒时间尺度等离子体激发的观测 ⋯⋯⋯⋯⋯⋯⋯⋯ 052

3.1.3　皮秒－纳秒时间尺度等离子体和冲击波喷发的观测 ⋯⋯ 055

3.2　时间分辨等离子体图像和光谱技术 ⋯⋯⋯⋯⋯⋯⋯⋯⋯⋯⋯ 060

3.3　条纹相机 ⋯⋯⋯⋯⋯⋯⋯⋯⋯⋯⋯⋯⋯⋯⋯⋯⋯⋯⋯⋯⋯⋯ 064

3.4　光学克尔门 ⋯⋯⋯⋯⋯⋯⋯⋯⋯⋯⋯⋯⋯⋯⋯⋯⋯⋯⋯⋯⋯ 066

3.5　频率上转换门 ⋯⋯⋯⋯⋯⋯⋯⋯⋯⋯⋯⋯⋯⋯⋯⋯⋯⋯⋯⋯ 069

参考文献 ⋯⋯⋯⋯⋯⋯⋯⋯⋯⋯⋯⋯⋯⋯⋯⋯⋯⋯⋯⋯⋯⋯⋯⋯⋯ 071

第4章　超快动力学过程高时空分辨四维电子探测 ⋯⋯⋯⋯⋯⋯⋯ 077

4.1　原子尺度的时间分辨率 ⋯⋯⋯⋯⋯⋯⋯⋯⋯⋯⋯⋯⋯⋯⋯⋯ 077

4.2　从定格摄影到超快成像 ⋯⋯⋯⋯⋯⋯⋯⋯⋯⋯⋯⋯⋯⋯⋯⋯ 077

4.3　单电子成像 ⋯⋯⋯⋯⋯⋯⋯⋯⋯⋯⋯⋯⋯⋯⋯⋯⋯⋯⋯⋯⋯ 083

4.4　亮度、相干性和简并度 ⋯⋯⋯⋯⋯⋯⋯⋯⋯⋯⋯⋯⋯⋯⋯⋯ 085

4.5　超快动力学可视化基本装置 ⋯⋯⋯⋯⋯⋯⋯⋯⋯⋯⋯⋯⋯⋯ 091

4.6　超快动力学可视化机理研究 ⋯⋯⋯⋯⋯⋯⋯⋯⋯⋯⋯⋯⋯⋯ 092

参考文献 ⋯⋯⋯⋯⋯⋯⋯⋯⋯⋯⋯⋯⋯⋯⋯⋯⋯⋯⋯⋯⋯⋯⋯⋯⋯ 092

第5章　超快动力学在二维材料加工领域的应用 ⋯⋯⋯⋯⋯⋯⋯⋯ 094

5.1　超快激光微纳加工领域应用概述 ⋯⋯⋯⋯⋯⋯⋯⋯⋯⋯⋯⋯ 094

5.2　飞秒激光加工二硫化钼的时间分辨观测 ⋯⋯⋯⋯⋯⋯⋯⋯⋯ 096

5.2.1　实验原理与数据分析 ⋯⋯⋯⋯⋯⋯⋯⋯⋯⋯⋯⋯⋯⋯ 096

5.2.2　飞秒激光加工二硫化钼的瞬时反射率变化 ⋯⋯⋯⋯⋯ 097

5.3　飞秒激光加工表面形貌表征及成分分析 ⋯⋯⋯⋯⋯⋯⋯⋯⋯ 100

5.3.1　二硫化钼表面形貌表征 ⋯⋯⋯⋯⋯⋯⋯⋯⋯⋯⋯⋯⋯ 100

5.3.2　材料表面烧蚀区域成分分析 ⋯⋯⋯⋯⋯⋯⋯⋯⋯⋯⋯ 102

5.4　飞秒激光加工二硫化钼超快动力学过程理论建模研究 ⋯⋯⋯ 104

5.4.1　理论模型的建立 ⋯⋯⋯⋯⋯⋯⋯⋯⋯⋯⋯⋯⋯⋯⋯⋯ 104

5.4.2　理论模拟结果与实验结果的对比 ⋯⋯⋯⋯⋯⋯⋯⋯⋯ 107

5.4.3　飞秒激光加工二硫化钼的两种机理揭示 ⋯⋯⋯⋯⋯⋯ 110

参考文献 ⋯⋯⋯⋯⋯⋯⋯⋯⋯⋯⋯⋯⋯⋯⋯⋯⋯⋯⋯⋯⋯⋯⋯⋯⋯ 111

第 6 章　超快动力学在第三代半导体材料领域的应用 …………………… 113

6.1　超快动力学在飞秒激光制备微纳复合结构的应用研究 ………… 113

6.1.1　激光通量对激光诱导微纳复合结构形貌的影响 ………… 113

6.1.2　激光诱导 GaN 光电响应性能提升研究 ………………… 114

6.2　飞秒激光诱导的结构形成瞬态光学响应演化规律 …………… 117

6.2.1　元素成分分析光电响应性能提升机理 ………………… 118

6.2.2　飞秒激光泵浦探测瞬态反射率演化机理研究 ………… 119

6.3　表面微纳结构激光通量依赖性调控机理 …………………… 122

6.3.1　光与物质作用机理和拉曼检测辅助分析 ………………… 122

6.3.2　等离子体模型 – 改进双温模型结合理论研究 ………… 124

参考文献 ……………………………………………………………… 128

第 7 章　超快动力学在表面界面材料及器件的应用 …………………… 133

7.1　形貌对表面载流子动力学的影响 ………………………… 133

7.2　铟镓氮纳米线表面载流子动力学 ………………………… 138

7.3　空间和时间上的表面溶剂图案化 ………………………… 143

7.4　p – n 结中的载流子输运过程 ……………………………… 146

7.5　总结与展望 ………………………………………………… 148

参考文献 ……………………………………………………………… 148

第 1 章

绪　　论

随着科学技术的快速发展，诸多结构与器件的加工精度和尺度突破宏观尺寸，达到微米甚至纳米尺度，由此产生了微纳制造技术。作为先进制造技术的重要组成部分，微纳制造是微纳技术走向应用的基础和瓶颈所在，是衡量一个国家或地区高端制造水平的主要标志，受到了政府、社会、高校和研究院所的重点关注。激光微纳制造在微纳制造技术中扮演着重要角色[1]，与其他加工方法相比具有灵活、无接触、无污染等特点[2]。特别地，飞秒激光技术的快速发展极大地拓展了激光微纳制造的应用广度和深度。飞秒激光具有超短的脉冲持续时间（10^{-15} s）和超强的峰值功率密度（10^{22} W/cm^2），可实现高精度、高质量三维结构的非热烧蚀，为全材料（金属、半导体、电介质等）的高精度微纳制造开辟了全新的研究方向。

飞秒激光从本质上改变了传统激光与材料的相互作用机理，是一个非线性、非平衡的多时间和空间尺度超快过程，包括光子能量吸收（等离子体激发）、材料相变、等离子体喷发与辐射等一系列物理化学过程，涉及大量材料加工新机理、新效应和新现象，影响材料的最终形貌和性质。从根本上加深对飞秒激光与材料的相互作用过程及其机理的观测、理解与调控，有助于实现材料在微纳尺度上的高精度、高效率可控加工，进而推动飞秒激光微纳加工技术及其应用的快速发展。

1.1　超快激光动力学简介

超快激光就是脉冲宽度达到皮秒量级以下的激光。而动力学是理论力学的一个分支学科，它主要研究作用于物体的力与物体运动的关系。根据具体物体或者运动速度不同，会涉及量子力学和相对论。

所以，超快激光动力学主要研究的就是超快激光施加到材料上的过程中，光子或光场引起的材料电子、原子、晶格等的运动变化过程。这时，激光相当于作用在物体上的力（电磁力，因为光是电磁场）。光对物质或材料的作用通过介电常数或材料极化率来描述，激光由于其本身的特点，与不同材料的作用过程会比较复杂，还有很多尚未解决的问题，也是目前的研究热点之一。

激光技术是当今世界战略高技术竞争的重要领域之一，超快激光是激光的最前沿，近20年内超快激光斩获三项诺奖（1999年，化学奖；2005年、2018年，物理学奖；共5位得主）。2005年，诺贝尔物理学奖得主美国人霍尔（Hall）与德国人亨施（Haensch）的成就主要是用激光对原子内部结构的精确测量，因为原子内部电子在不同能级间跃迁，会吸收或发射不同波长的光子。最典型的例子是原子钟，原子钟的主要原理是利用微波与原子一个精细能级间跃迁的频率相吻合产生共振（用量子力学的观点来看就是光子被吸收），原子钟采用这样的微波探测得到共振后，锁定微波频率，那么微波源的振荡频率将会十分精确，转换成时间甚至可以达到 10^{-18} s 量级，原子钟现在已经广泛应用于国家授时、航空航天、精密测量，以及 GPS 定位，甚至手机通信等诸多领域。

超快激光的持续发展，有望成为未来高端制造、材料合成、化学反应控制等的主要手段之一。超快激光动力学则是研究超快激光与材料相互作用过程中，材料电子、原子、晶格等的动力学过程，目前主要研究的科学问题包括：①亚飞秒至皮秒尺度超快激光与材料（光子–电子–晶格）作用的非线性、非平衡态、多尺度效应，激光能量的吸收与转换，以及材料的瞬态性能变化；②超快激光时/空/频域光场调控对材料电子动态和性质的影响机制与规律及表面等离子激元的时空演化特性、调控规律和材料成形成性机制，以及对化学反应路径的调控机制等。

化学键（Chemical Bond）是纯净物分子内或晶体内相邻两个或多个原子（或离子）间强烈的相互作用力的统称。离子键、共价键、金属键各自有不同的成因。离子键是通过原子间电子转移形成正负离子，由静电作用形成的。共价键的成因较为复杂，路易斯理论认为，共价键是通过原子间共用一对或多对电子形成的，其他的解释还有价键理论、价层电子互斥理论、分子轨道理论和杂化轨道理论等。金属键是一种改性的共价键，它是由多个原子共用一些自由流动的电子形成的。

可见，超快激光动力学的主要研究对象就是光子和电子，说到光子和电子，必须要提到一个著名的会议——索尔维会议。1911 年，第一届索尔维会议在比利时的布鲁塞尔召开，以后每 3 年举行一届。1927 年，第五届索尔维会议在比利时的布鲁塞尔召开，这次会议的主题就是光子和电子。也就是在这次会议上，阿尔伯特·爱因斯坦与尼尔斯·玻尔两人（或两个集团）展开了大辩论（图 1.1）。

图 1.1　第五届索尔维会议

洛伦兹是会议主持人，他创立了电子论，并与塞曼因研究磁场对辐射现象的影响发现塞曼效应而分享了 1902 年的诺贝尔物理学奖。1904 年，他提出著名的洛伦兹变换公式，并指出光速是物体相对于以太运动速度的极限。

朗之万是爱因斯坦的忠实支持者，1905 年他看到爱因斯坦的论文后，对相对论表示了浓烈的兴趣，并和爱因斯坦结下了深挚的友谊。他形象地阐述了相对论，并做了大量宣传工作，因而有"朗之万炮弹"的美称。

玻尔这边比较有名的是马克斯·玻恩（Max Born，1882 年 12 月 11 日—1970 年 1 月 5 日），德国犹太裔理论物理学家、公认的量子力学奠基人之一，因对量子力学的基础性研究尤其是对波函数的统计学诠释而获得 1954 年的诺贝尔物理学奖。保罗·阿德里·莫里斯·狄拉克（Paul Adrien Maurice Dirac，1902—1984 年，中排左五）是一位英国物理学家，创立了量子电动力学；1928 年建立"狄拉克方程"，即相对论形式的薛定谔方程，这个貌似简单的方程式从理论上预言了正电子的存在，具有划时代的意义，它对原子结构及分子结构都给予了新的诠释。劳伦斯·布拉格则做了关于 X 射线的实验报告。出现在照片中的威廉·亨利·布拉格（W. H. Bragg，1862—1942 年，中排左三）便是其父亲，现代固体物理学的奠基人之一。由于在使用 X 射线衍射研究晶体原子和分子结构方面所作出的开创性贡献，他与儿子分享了 1915 年的诺贝尔物理学奖。

卢瑟福，1908 年的诺贝尔化学奖获得者，在做了大量的实验、理论计算和深思熟虑后，大胆地提出了有核原子模型，推翻了他的老师汤姆逊的实心带电球原子模型。1910 年，马斯登（E. Marsden，1889—1970 年）来到曼彻斯特大学，卢瑟福让他用 α 粒子去轰击金箔，做练习实验，利用荧光屏记录那些穿过金箔的 α 粒子。按照汤姆逊的葡萄干蛋糕模型，质量微小的电子分布在均匀的带正电的物质中，而 α 粒子是失去 2 个电子的氦原子，它的质量约为电子质量的 7 300 倍。当这样一颗重型炮弹轰击原子时，小小的电子是抵挡不住的。而金原子中的正物质均匀分布在整个原子体积中，也不可能抵挡住 α 粒子的轰击。也就是说，α 粒子将很容易地穿过金箔，即使受到一点阻挡，也仅仅是 α 粒子穿过金箔后稍微改变一下前进的方向而已。卢瑟福原子模型存在的致命弱点是正负电荷之间的电场力无法满足稳定性的要求，即无法解释电子是如何稳定地待在核外的。卢瑟福实验室为科学发展作出了巨大贡献，例如，1921 年，卢瑟福的助手索迪获诺贝尔化学奖；1922 年，卢瑟福的学生阿斯顿获诺贝尔化学奖；1922 年，卢瑟福的学生玻尔获诺贝尔物理学奖；1927 年，卢瑟福的助手威尔逊获诺贝尔物理学奖；1935 年，卢瑟福的学生查德威克获诺贝尔物理学奖；1948 年，卢瑟福的助手布莱克特获诺贝尔物理学奖；1951 年，卢瑟福的学生科克拉夫特和瓦耳顿共同获得诺贝尔物理学奖；1978 年，卢瑟福的学生卡皮茨获诺贝尔物理学奖。

原子中的电子是按照能级排列的，这就涉及一些基本概念。理论方面涉及原子模型，电子能级，光子 – 电子 – 晶格作用的非线性、非平衡态、多尺度效应等。为了研究光子 – 电子作用过程，就需要相应的观测方法，比如吸收光谱、发射光谱、荧光光谱、激光光谱，以及双光子、多光子荧光光谱等光谱测量，当然还有泵浦探测类的超快测量。

电子能级简并是指同一能级对应的有两个或以上的状态。如果体系在某一能级是简并的，该能级所对应的所有不同的状态数称为简并度。简并度是指同一能级对应的不同电子运动状态的数目。例如，同一能级的 s 电子和 p 电子，其轨道的形状和轨道角动量不同，因此电子的能级或轨道就存在 s 轨道和 p 轨道等。电子占据能态示意图如图 1.2 所示。

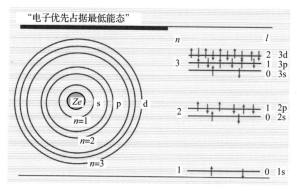

图 1.2　电子占据能态示意图

原子轨道：s 轨道。

形状：球形。

轨道数目：1 个。

电子数目：2 个。

字母意思：s 指 Sharp，锐系光谱。

原子轨道：p 轨道。

形状：双哑铃形或吊钟形。

轨道数目：3 个。

电子数目：6 个。

字母意思：p 指 Principal，主系光谱。

原子轨道：d 轨道。

形状：四哑铃形或吊钟形。

轨道数目：5 个。

电子数目：10 个。

字母意思：d 指 Diffused，漫系光谱。

　　如表 1.1 所示，主量子数对应的符号：K、L、M、N、O、P、Q。

表 1.1　主量子数与电子层、角量子数和能级符号

主量子数（n）	1	2	3	4
电子层	K	L	M	N
角量子数（L）	0	0，1	0，1，2	0，1，2，3
能级符号	1s	2s，2p	3s，3p，3d	4s，4p，4d，4f

　　角量子数对应的符号：s，p，d，f。

　　s 轨道可以放 2 个电子；p 轨道实际上有 3 个（因为形状不同），可以放 6 个电子；d 轨道（5 个）可以放 10 个电子。

　　因为中子和质子也是由多个组成部分构成的，所以它们也具有结合能。而事实上，中子的结合能比质子的结合能要大很多。这也就意味着，如果要将一个电子与一个质子转变成一个中子，就必须要有额外的能量来补充中子和质子结合能之间的差值（能量守恒定律），而这个能量仅靠电磁力是远远不够的。

电子激发态的多重度用 $M = 2s + 1$ 表示，s 为电子自旋量子数的代数和，其数值为 0 或 1。三重态即意味着分子中的电子激发后是自旋平行的。根据 Pauli 不相容原理，分子中同一轨道所占据的两个电子必须具有相反的自旋方向，即自旋配对。假如分子中全部轨道里的电子都是自旋配对的，即 $s = 0$，分子的多重度 $M = 1$，该分子体系便处于单重态，用符号 S 表示。大多数有机物分子的基态是处于单重态的。电子的跃迁过程中如果还同时伴随自旋方向的改变，这时分子便具有了两个自旋不配对的电子，即平行自旋，$s = 1$，分子的多重度 $M = 3$，分子处于激发的三重态，用符号 T 表示。处于分立轨道上的非成对电子，平行自旋要比成对自旋更稳定些（Hund 定则），因此三重态能级总是比相应的单重态略低。

（1）角动量为 0 的波函数是一个中心对称的圆球，在任何方向都没有极化。

（2）角动量不为 0 的波函数，在空间存在极化。这里选择 z 为极化轴，那么 m_l 就代表波函数在 z 轴上的角动量分量。当 $m_l = 1$，2，3 时，波函数呈以 z 轴为中心的扁平状，这其实可以看作电子的相位沿着扁平状的轨道绕着 z 轴旋转。m_l 取的正负号无非是电子旋转的方向顺/逆时针不同罢了。当 $m_l = 0$ 时，电子的相位轨迹可以看作沿着 z 轴在 z 正负半轴振荡，因此其运动在 z 轴上的投影为 0。

注意，电子相位的轨迹并不是电子运动的轨迹。电子的相位速度不是 0，但群速度为 0，因为稳态的电子波函数是驻波。波函数的模中已经没有了相位信息，因此电子在上述能级中是依照空间中的概率密度稳定存在的。这时候的电子因为静止，自然无法辐射光子。

同一电子层之间有电子的相互作用，不同电子层之间也有相互作用，这种相互作用称为"钻穿效应"。其原理较为复杂，钻穿效应的直接结果就是上一电子层的 d 能级的能量高于下一电子层 s 的能量。即 d 层和 s 层发生交错，f 层与 d 层和 s 层都会发生交错。我国化学家徐光宪提出了一条能级计算的经验定律：能级的能量近似等于 $n + 0.7l$，其中，n 代表电子层的量子数，l 用于描述电子运动状态的另一个量子数，对于 s、p、d、f 能级，l 分别取 0、1、2、3。美国著名化学家莱纳斯·鲍林也通过计算给出了一份近似能级图（图 1.3），这幅图近似描述了各个能级的能量大小，有着广泛的应用。

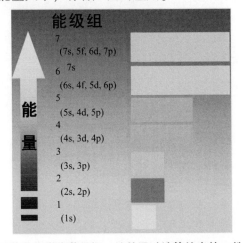

图 1.3　美国著名化学家莱纳斯·鲍林通过计算给出的一份近似能级图

为了描述原子在上能级 E_2 和下能级 E_1 两个状态间的跃迁概率 A，爱因斯坦引进了三个系数 A_{21}、B_{21} 和 B_{12}，分别称为自发辐射系数、受激辐射系数和受激吸收系数。自发辐射系数 A_{21} 表示原子在单位时间内由上能级 E_2 跃迁到下能级 E_1 的概率。对于比较复杂的原子体系，从理论上计算跃迁概率有困难，因此，更需要借助于实验。实验测定跃迁概率是十分重要的，通常利用谱线强度、受激态寿命的测定和谱线的反常色散等来测定跃迁概率。

用 dn_2 表示 dt 时间间隔内由 E_1 受激吸收跃迁到 E_2 的原子数，则有

$$dn_2 = B_{12}\rho_v n_1 dt \tag{1.1}$$

式中，B_{12} 是受激吸收系数；ρ_v 是入射光场的单色能量密度；n_1 是某时刻低能级 E_1 上的原子数密度（即单位体积中的原子数）。

用 dn_1 表示 dt 时间间隔内由 E_2 受激辐射跃迁到 E_1 的原子数，则有

$$dn_1 = B_{21}\rho_v n_2 dt \tag{1.2}$$

用 dn_0 表示 dt 时间间隔内由 E_2 自发辐射跃迁到 E_1 的原子数，则有

$$dn_0 = A_{21} n_2 dt \tag{1.3}$$

原子系统达到热平衡时，自发辐射光子数与受激辐射光子数之和，应该等于受激吸收的光子数：

$$\underset{\text{自发辐射光子数}}{A_{21} n_2 dt} + \underset{\text{受激辐射光子数}}{B_{21}\rho_v n_2 dt} = \underset{\text{受激吸收光子数}}{B_{12}\rho_v n_1 dt} \tag{1.4}$$

等式左边是与高能级粒子数有关的辐射光子数，右边是与低能级粒子数有关的吸收光子数，即发射与吸收的光子数相等。

另外，根据玻耳兹曼定律，对于简并度 g_2 的高能级 E_2 和简并度 g_1 的低能级 E_1，有

$$\frac{n_2/g_2}{n_1/g_1} = e^{-\frac{E_2-E_1}{kT}} = e^{-\frac{hv}{kT}} \tag{1.5}$$

将 n_2 的表达式代回热平衡等式，可得单色辐射能量密度

$$\rho_v = \frac{A_{21}}{B_{21}} \frac{1}{\dfrac{B_{12}g_1}{B_{21}g_2}e^{\frac{hv}{kT}} - 1} \tag{1.6}$$

黑体空腔内 ρ_v 同时满足普朗克公式：

$$\rho_v = \frac{8\pi hv^3}{c^3} \times \frac{1}{e^{hv/kT}-1} = \frac{A_{21}}{B_{21}} \frac{1}{\dfrac{B_{12}g_1}{B_{21}g_2}e^{\frac{hv}{kT}}-1} \tag{1.7}$$

两式对比，可得 3 个爱因斯坦系数的内在联系：

$$\frac{A_{21}}{B_{21}} = \frac{8\pi hv^3}{c^3}$$
$$g_1 B_{12} = g_2 B_{21} \tag{1.8}$$

如果 $g_1 = g_2$，则有 $B_{12} = B_{21}$，也就是高低能级的简并度相同时，受激辐射系数与受激吸收系数相等，外来光子被吸收和激发受激辐射的机会相同。但一般情况下，高能级简并度更高，所以受激辐射系数较小。

对于比较复杂的原子体系，从理论上计算能级特征有困难，通常利用谱线波长、强度、反常色散等来测定跃迁概率或能级结构。在超高的时间与空间分辨率下探索物质的结构及物理与化学变化等瞬态动力学行为和过程，是人们理解材料、物理、化学、生物等科学领域中

众多现象并开发新应用和新产品的关键，也是各领域科学家一直追逐的梦想。例如，功能材料和人工微结构在能源转化、信息存储等应用中发挥作用时，微观结构发生着一系列复杂的物理与化学变化等动力学过程，还有光化学反应、光合作用的能量传递等都属于超快动力学过程，这些过程涉及形貌变化、结构相变、电荷转移、化学价态变化等，且大多发生在飞秒（10^{-15} s）至纳秒（10^{-9} s）尺度。这也是需要研究超快动力学的原因，研究超快动力学的主要手段就是超快观测，包括光谱和成像。

微纳科技是国际最前沿科技之一，支撑了大量国家重大需求和众多新兴经济产业，微纳制造则是微纳技术走向应用的基础。非硅微纳制造泛指无法利用硅基制造方法产生的结构、器件与系统的新型制造技术，例如，难加工材料（超硬/脆/薄等）或复杂材料体系的加工及新材料体系的拓展，在国防、航海、航空、航天、电子等领域具有重要应用。传统硅基微纳制造技术取得了长足进步，十分成熟，在摩尔时代发挥了重要作用。在后摩尔时代，非硅微纳制造日趋重要，可为 IC、新能源、国防、航空航天等众多领域提供关键制造支持，在全球总体处于起步阶段，是国际未来竞争主要焦点之一，我国与发达国家基本处于同一起跑线上，这为我国在该领域的弯道超车跨越式发展提供了一次难得的机会。然而，目前我国非硅微纳制造研究部分涉及应用领域，总体技术成熟度不高，基础研究不足。

1.2 非线性光学简介

飞秒激光具有超快超强的特性，与材料相互作用的电场更强，因此非线性效应非常显著。介质对于光的响应实质就是对于光电场的响应，那么当光电场 E 较小时（一般而言，自然光、非相干光源的光电场都远远小于原子的内场 E_{atom}），介质对于光的响应是处于线性范围内的；但当激光这种相干光源出现，其光电场的强度就足以满足甚至超越原子内建场的水平时，光电场产生的极化作用已经无法用线性关系来描述。如果用弹簧谐振子作类比，相当于施加的外力很大，把弹簧拉出了线性范围。

材料内部产生电场的根本原因是极化现象，正负中心重合的电介质分子的正负电子中心就会被拉开，正负中心不重合的会随外电场出现一定的取向，这样，在宏观上就会有电偶极矩的分布，宏观上的电偶极矩就是电极化强度。

由于极化程度和电场强度的关系曲线与铁磁体的磁滞回线形状类似，所以人们把这类晶体称为铁电体（其实晶体中并不含铁）。当电场施加于晶体时，沿电场方向的电畴扩展，晶体极化程度变大；而与电场反平行方向的电畴则变小。这样，极化强度随外电场增加而增加，如图 1.4 铁电体的电滞回线中 OA 段曲线所示。

如果电场自图中 C 处开始降低，晶体的极化强度也随之减小。在零电场处仍存在极化，称为剩余极化强度 P_r（Remanent Polarization）。这是因为电场减小时，部分电畴由于晶体内应力的作用偏离了极化方向。但当 $E=0$ 时，大部分电畴仍停留在极化方向，因而宏观上还有剩余极化强度。由此，剩余极化强度 P_r 是对整个晶体而言的。

当反向电场继续增大到某一值时，剩余极化才全部消失，此时电场强度称为矫顽场 E_c（Coercive Field）。反向电场超过 E_c，极化强度才开始反向。如果它大于晶体的击穿场强，那么在极化强度反向前晶体就被击穿，则不能说该晶体具有铁电性。

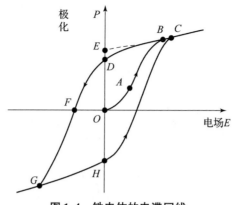

图1.4　铁电体的电滞回线

19世纪末，著名物理学家皮埃尔·居里（居里夫人的丈夫）在自己的实验室里发现磁石的一个物理特性：当磁石加热到一定温度时，原来的磁性就会消失。后来，人们把这个温度叫"居里点"。铁磁物质被磁化后具有很强的磁性，但随着温度的升高，金属点阵热运动的加剧会影响磁畴磁矩的有序排列，当温度达到足以破坏磁畴磁矩的整齐排列时，磁畴被瓦解，平均磁矩变为零，铁磁物质的磁性消失变为顺磁物质，与磁畴相联系的一系列铁磁性质（如高磁导率、磁滞回线、磁致伸缩等）全部消失。

极化强度实际上与光场的时间变化有关，是一系列泰勒展开项。由于介质内给定空间点的极化强度不仅与该点的光电场有关，还与邻近空间点的光电场有关，即与光电场的空间变化率有关，这就导致了极化率张量 χ 与光波波矢 k 有关，这种依赖关系叫作介质极化率的空间色散，其空间色散关系可以通过空间域的傅里叶变换得到。

麦克斯韦方程组的积分形式的物理意义更明确，可以导出微分形式，本质上两种形式一样，微分形式可以对具体的某个无限小点使用，积分要对整个面积或者环路使用。

$$① \nabla \cdot \boldsymbol{D} = \rho \qquad ② \nabla \cdot \boldsymbol{B} = 0$$
$$③ \nabla \times \boldsymbol{E} = -\frac{\partial \boldsymbol{B}}{\partial t} \qquad ④ \nabla \times \boldsymbol{H} = \boldsymbol{J} + \frac{\partial \boldsymbol{D}}{\partial t} \tag{1.9}$$

①静电场，高斯电场定律的核心思想：通过一个闭合曲面的电通量与曲面包含的电荷量成正比。介质内部的极化电场的电通量与极化电荷密度相关，因此，定义了新的物理量，叫作电位移矢量 $\boldsymbol{D}$。

②静磁场，高斯磁场定律的核心思想：闭合曲面包含的磁通量恒为0。

只要一种力的强度与距离平方成反比，比如引力，我们一样可以找到对应的高斯定律。

③磁生电，法拉第定律的最后表述就是这样的：曲面的磁通量变化率等于感生电场的环流。

④电生磁，麦克斯韦-安培定律：磁场可以用两种方法生成，一种是靠传导电流（原本的安培定律）；另一种是靠时变电场，或称位移电流（麦克斯韦修正项）。

电位移矢量是出现于麦克斯韦方程组的一种矢量场，可以用于解释电介质内电荷所产生的效应，不能直接测量，也没有具体的物理意义。

另外，大自然为什么偏爱"平方反比"规律呢？因为我们生活在一个各向同性的三维空间里。假设有一个点源开始向四面八方传播，因为它携带的能量是一定的，那么在任意时刻能量到达的地方就会形成一个球面。而球面的面积公式 $S = 4\pi r^2$（r 为半径），它是跟半径 r 的平方成正比的，也就是说，同一份能量在不同的时刻要均匀地分给 $4\pi r^2$ 个部分，那么空间每个点得到的能量就自然要与 $4\pi r^2$ 成反比，这就是平方反比定律的更深层次的来源。

因此，如果我们生活在四维空间里，就会看到很多三次方反比的定律，而这也是科学家们寻找更高维度的一种方法。许多理论（比如超弦理论）里都有预言高维度，如果引力在某个情况下不再遵循平方反比定律，那就很有可能是发现了额外的维度。

由麦克斯韦方程可以得到电位移矢量：

$$D = \varepsilon_0 E + P \tag{1.10}$$

$$P = P_0 + \varepsilon_0 \left[\chi^{(1)} E + \chi^{(2)} E^2 + \chi^{(3)} E^3 + \cdots \right] \tag{1.11}$$

二阶非线性效应，也就是与电场平方成正比，那么可以发现两个频率的光场互相作用会产生合频项和差频项：

$$
\begin{aligned}
E &= E_1 e^{i\omega_1 t} + E_2 e^{i\omega_2 t} + cc \\
E^2 &= \left(E_1 e^{i\omega_1 t} + E_2 e^{i\omega_2 t} + cc \right)^2 \\
E^2 &= E_1^2 e^{i2\omega_1 t} + E_2^2 e^{i2\omega_2 t} + E_1 E_2 e^{i(\omega_1 + \omega_2)t} + \\
&\quad E_1 E_2^* e^{i(\omega_1 - \omega_2)t} + cc + E_1 E_1^* + E_2 E_2^*
\end{aligned}
\tag{1.12}
$$

由于高阶的非线性效应，会出现很多有意思的现象。

（1）光子回波（Photon Echo）：先后向介质入射两个具有一定强度并与介质特定能级共振的电磁波脉冲，脉冲 2 宽度是脉冲 1 宽度的 2 倍，经过一段时间后介质发射出一个同频率电磁波脉冲，这个脉冲与脉冲 2 的时间延迟刚好是两个入射脉冲间的时间间隔，这就是自旋回波或光子回波。该现象可视为瞬态四波混频。光子回波现象已经作为相干瞬态光谱的一种非常重要的实验方法，用于介质的弛豫时间等的测量。

（2）光学自感应透明：介质在强激光作用下吸收系数减小的现象。

（3）光学章动：当振幅恒定的光波作用于共振媒质（即固有频率与光波频率共振的媒质）时，在光场加入的开始阶段，光波的振幅会受到调制，随着光场加入时间的增长，调制将逐步消失。此现象发生的原因是：当引入与原子共振的光波场时，原来与 z 轴平行的赝矢量 P 立即围绕有效场进动，故上下能级的粒子数周期性地发生变化，当然，这种现象只出现在共振光场加入的开始阶段，因为经历弛豫时间后，P 就趋于一个稳定的取向而不再进动了。

（4）自由感应衰减：假设有一共振的光波已经较长时间作用于原子系统，如果突然给原子施加一个恒定电场，使原子的固有圆频率 ω_0 发生了 $\Delta\omega$ 的斯塔克移动，则光波振幅出现圆频率为 $\Delta\omega$ 的衰减振荡。

1.3　半导体及其光电特性

半导体材料推动了现代科技的发展，以硅为代表的第一代半导体材料，以砷化镓为代表的第二代半导体材料，以氮化镓为代表的第三代半导体材料相继出现，逐渐应用在芯片、发光二极管（LED）、太阳能电池等方面，带动了光电子和微电子产业的迅速发展。研究这些材料的光学性质对于提高其发光效率、光催化效率、光电转化效率具有重要意义，改善其光学性能成为光电材料应用的核心关键问题。通常采用表面镀膜、内部掺杂不同的原子、改变材料表面结构等方法改变材料的光学性质。其中，改变材料表面结构这一方法由于其操作简便、易于控制加工形貌而备受关注。因为当材料表面的结构尺寸小到微纳米级别后，会使材料的透射率和荧光性能等光学性质均发生改变。目前，加工表面微纳结构比较常用的方法有湿法蚀刻、电子束蚀刻、光刻、激光加工等。其中，飞秒激光加工由于其操作简便、峰值功率高、可加工任何难加工材料、具有良好的可控性等特点，在材料表面结构的加工中具有独特的优势。特别地，通过控制激光脉冲的数量、能量、双脉冲延迟等参数，可以实现对材料表面的改性或者烧蚀，从而调控材料表面的微纳结构，进而调制材料的发光性能和透射率。本书主要介绍材料表面微纳结构对光致发光性能的影响，发现了光致发光谱线振荡现象，理论计算了薄膜厚度和折射率，探索了荧光强度增强现象，实现了对材料的光致发光性能的调控。

禁带宽度可以用于表征材料的价带电子跃迁到导带所需要的能量大小，不同材料的禁带宽度不同，比如 Si，ZnO，GaN，SiO_2 等材料的禁带宽度分别为 1.12 eV，3.1 eV，3.4 eV，9 eV。根据禁带宽度的大小可以把材料分为导体、半导体和绝缘体。半导体材料发展到现在已经到了第三代。第一代和第二代半导体分别是以硅（Si）、锗（Ge）和砷化镓（GaAs）、磷化铟（InP）、磷化镓（GaP）为代表。第三代半导体是以氮化镓（GaN）、碳化硅（SiC）等具有耐击穿电压高、热导率高、电子饱和漂移速率高的优点和氧化锌（ZnO）等具有较大激子结合能、光学增益、在 H^+ 环境中更稳定的优点[1,2]的材料为代表。宽禁带半导体的禁带宽度一般大于 2.3 eV，一般情况下，其禁带宽度越大，材料本身越透明。由于上述第三代半导体所具有的优势，其在激光加工、信息技术、国防装备等诸多方面有重要的潜在应用[3-5]。

由于 GaN 和 ZnO 这两种材料在光电器件上有着广泛的应用，通过掺杂不同的元素可以改善自身的性能，如通过掺杂不同浓度的 In 元素可以使 GaN 应用于蓝光、绿光和红外波段的器件，掺杂 Al 元素可以在发光器件和光电探测器上具有广泛应用，所以研究这些材料的光学性质对于后续器件的研究具有指导意义。通过物理或者化学方法处理过后的材料表面会具有微纳尺度的表面结构，这些表面结构可以明显改善材料本身的光电性能。例如，Fuji[6]等人通过表面各向异性蚀刻的工艺来粗化 LED 表面，制备了一种具有六角形"锥状"的 n 面朝上的 GaN 基 LED。与未蚀刻的相比，其发光效率提高了 2 ~3 倍。通过掺杂不同的元素使 ZnO 在具有透光性好的基础上，可以改变其禁带宽度和导电性，从而在太阳能电池、LED、显示器、光降解方面有广泛的应用。由于其具有良好的透光性和导电性，所以可以在发光器件上作电极使用。对于电极有以下几个方面的要求：光谱透射率、导电性能、雾度、耐久性等。而在材料表面加工出微纳结构可以明显改变材料的光学性能，从而使材料达到更加令人满意的状态。例如，Wang[7]等人在 ZnS 表面通过双光束干涉的方法加工微米级别的锥状结构，提升了材料在红外波段的透射率。Yamada[8]等人通过蚀刻方法在 Si 表面得到了平均高度为 800 nm、尖端为多个纳米级的硅纳米锥阵列。这种硅纳米结构在 300 ~900 nm 波长范围内以正常入射角照射时，其反射率低于 0.06%。

光致发光光谱由于其非接触、对材料无损伤的特性，主要用于分析发光材料的发光效率及了解量子阱器件的结构和缺陷等信息。Nathan[9]等人通过分析光致发光光谱振荡的现象，得到了在该振荡状态下材料的厚度和折射率，其数值可以为后续模拟提供参考依据。对于 ZnO 来说，其可见光波段的发光为缺陷发光，学者和工程师们亟须实现其紫外发光增强而可见光波段发光减弱，因此如何提高紫外波段的发光效率，降低其缺陷在可见光波段的发光是

ZnO 应用在光电器件（LED、紫外激光器）的关键科学问题。通过改变材料的生长状态，即不同的溅射时间、退火温度、沉积时间等[10]，生长出晶体质量更好的材料；或者改变材料的表面结构[11]；或者在材料表面沉积一层纳米厚度的金属[12]都可以使材料的光致发光光谱强度有所提升。本征 N 型 ZnO 具有高电导率、高透明度，而其较高的激子结合能（60 meV）及宽带隙（3.37 eV）能以带间直接跃迁方式获得高效率的辐射复合，是一种理想的短波长光电子器件材料。1997 年，Kawasaki[13]小组第一次报道了 ZnO 薄膜在室温下的光泵浦紫外受激辐射，室温下发射峰值位于 3.32 eV 处，证明了 ZnO 在紫外发光/激光器件方面有很大的应用潜力，使 ZnO 成为继 GaN 之后宽禁带半导体材料领域新的研究热点。

利用飞秒激光热效应小、易于加工各种材料的优势，使用飞秒激光在宽禁带半导体材料表面加工微纳结构，进而实现调控宽禁带半导体材料的光学性能，从而为后续器件或者应用提供依据。

参考文献

[1] 谢修华，李炳辉，张振中，等. 点缺陷调控：宽禁带 II 族氧化物半导体的机遇与挑战 [J]. 物理学报，2019，68（16）：76-90.

[2] 唐林江，万成安，张明华，等. 宽禁带半导体材料 SiC 和 GaN 的研究现状 [J]. 军民两用技术与产品，2020（3）：20-28.

[3] Fujita S. Wide-bandgap semiconductor materials: for their full bloom [J]. Japanese Journal of Applied Physics, 2015, 54 (3): 030101.

[4] Higashiwaki M, Sasaki K, Kuramata A, et al. Development of gallium oxide power devices [J]. Physica Status Solidi (a), 2014, 211 (1): 21-26.

[5] Tsao J Y, Chowdhury S, Hollis M A, et al. Ultrawide-bandgap semiconductors: research opportunities and challenges [J]. Advanced Electronic Materials, 2018, 4 (1): 1600501.

[6] Fuji T, Gao Y, Sharma R, et al. Increase in the extraction efficiency of GaN-based light-emitting diodes via surface roughening [J]. Applied Physics Letters, 2004, 84 (6): 855-857.

[7] Wang L, Xu B, Chen Q, et al. Maskless laser tailoring of conical pillar arrays for antireflective biomimetic surfaces [J]. Optics Letters, 2011, 36 (17): 3305-3307.

[8] Yamada Y, Iizuka H, Mizoshita N. Silicon nanocone arrays via pattern transfer of mushroomlike SiO_2 nanopillars for broadband antireflective surfaces [J]. ACS Applied Nano Materials, 2020, 3 (5): 4231-4240.

[9] Nathan M I, Fowler A B, Burns G. Oscillations in GaAs spontaneous emission in Fabry-Perot cavities [J]. Physical Review Letters, 1963, 11 (4): 152.

[10] Zhou Y, Chen S, Pan X, et al. Photoluminescence enhancement in non-polar ZnO films through metallodielectric mediated Al surface plasmons [J]. Optics Letters, 2018, 43 (10): 2288-2291.

[11] Museur L, Michel J P, Portes P, et al. Femtosecond UV laser non-ablative surface structuring of ZnO crystal: impact on exciton photoluminescence [J]. Journal of the Optical

Society of America B，2010，27（3）：531 –535.

[12] 刘姿，张恒，吴昊，等. Al 纳米颗粒表面等离激元对 ZnO 光致发光增强的研究［J］. 物理学报，2019，68（10）：243 –247.

[13] Zu P，Tang Z K，Wong G K L，et al. Ultraviolet spontaneous and stimulated emissions from ZnO microcrystallite thin films at room temperature ［J］. Solid State Communications，1997，103（8）：459 –463.

第 2 章
超快动力学过程机理

2.1 超快激光与材料相互作用的超快过程

飞秒激光在众多领域展现出非凡的应用潜力，但其与材料的相互作用机理仍有待进一步揭示和完善。飞秒激光加工是通过在极短的时间内将超高的能量注入极小的材料区间内实现材料性质/形貌改变的加工方法。基于飞秒激光独特的加工特点和优势，研究人员提出或发展了包括飞秒激光直写加工、飞秒激光干涉加工、近场纳米加工、飞秒激光脉冲沉积在内的多种微纳加工方法[1,2]，可实现量子点[10]/纳米粒子[11,12]/纳米孔洞[13,14]、纳米线[15,16]、纳米网格[15,17]、微纳米孔[18,19]/沟槽[13,20]/通道[21,22]、周期性微纳结构[23,24]和三维功能结构[25,26]等一系列微纳米结构的可控高精度制备。飞秒激光加工技术及其所制备的微纳结构被广泛应用于微电子、微流体、微纳光学、传感与检测、生物医学和新能源等领域。

2.1.1 超快过程概述

这种极端条件从本质上有别于传统激光与材料相互作用机理，是一个非线性、非平衡的超快过程。该过程涉及大量相互竞争、耦合及联系的复杂多物理化学过程，每个过程所涉及的时间尺度和空间尺度又有很大区别，构成了飞秒激光与材料相互作用的多尺度特性：空间从纳米到毫米、时间从飞秒到毫秒（甚至秒）。图 2.1 所示为本课题组高度概括的飞秒激光与材料相互作用的关键过程[27,28]，主要包括载流子激发过程、材料相变过程和等离子体膨胀和辐射过程。各种过程不是依次发生的，它们在时间上是重叠的，形成从飞秒到微秒的整个范围内的连续事件链。例如，载流子在热化的同时，也会通过将能量转移到晶格声子进行冷却。非热结构效应（如瞬态结构的形成）可以在晶格仍然冷却的时候发生。

2.1.2 载流子激发

1. 单光子吸收和多光子吸收

当光子能量大于带隙时，单光子吸收是将价带电子激发到导带的主要机制。对于具有间接带隙的半导体（图2.2），如硅，单光子吸收仍然可以发生在光子能量大于带隙时，但声子辅助是必要的，可以保证动量守恒。当直接带隙大于光子能量时，多光子吸收是很重要的，特别是在透明绝缘体介质中，或者是在单光子吸收被带填充抑制的情况下。

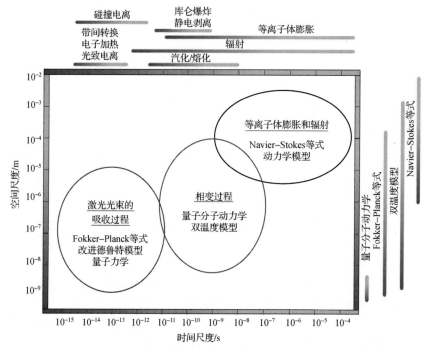

图 2.1   飞秒激光与材料相互作用的时空多尺度过程及多尺度理论模型[27,28]

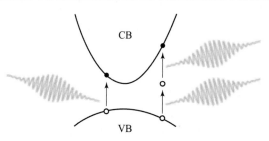

图 2.2   单光子吸收和多光子吸收示意图

2. 自由载流子吸收

自由载流子的吸收增加了电子－空穴等离子体中载流子的能量或金属中初始自由电子的能量。虽然这种吸收增加了自由载流子布居数的能量，但并不改变其数量密度。如果一些载流子被激发到远高于带隙（或金属中的费米能级），碰撞电离可以产生额外的激发态载流子（图 2.3）。

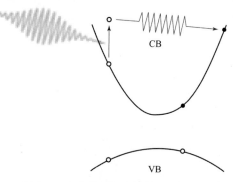

图 2.3   自由载流子吸收示意图

3. 电离

由于材料电子质量远远小于晶格质量，光子能量主要通过光子与电子相互作用过程吸收，从而影响后续的材料瞬态性质、材料相变及最终加工材料性质/形貌。因此，要想实现飞秒激光加工的调控，就必须调控材料的瞬时局部电子动态。电子吸收光子能量的形式主要包括电子电离、电子加热和带间转换等。依据材料属性、激光脉宽、波长、能量等不同，其吸收机制也有很大不同。针对金属材料，导带电子的存在使电子能够直接吸收光子能量。对于半导体和电介质材料，则需要通过电离产生自由电子从而进一步吸收光子能量。在飞秒激光辐照电介质材料时，自由电子的激发主要包括光致电离（多光子电离和/或隧道电离）、碰撞电离（雪崩电离）等相互竞争的电离过程，如图 2.4 所示[29]。

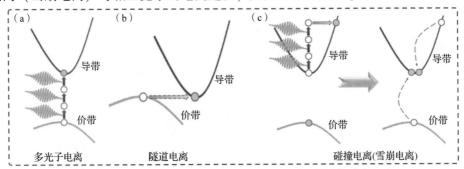

图 2.4　飞秒激光与材料相互作用过程中的非线性电离机制[29]

（a）多光子电离，（b）隧道电离，（c）碰撞电离（雪崩电离）

2.1.3　热化

载流子激发后，电子和空穴通过载流子 – 载流子和载流子 – 声子的散射在导带和价带中重新分布。载流子 – 载流子散射 [图 2.5（a）] 是一个两体过程（两个载流子之间的静电相互作用），它不改变激发态载流子系统的总能量和载流子数量。载流子 – 载流子散射可以在不到 10 fs 的时间内导致失相，但载流子分布接近费米 – 狄拉克分布需要数百飞秒。在载流子 – 声子散射过程中，自由载流子通过声子的发射或吸收而失去或获得能量和动量。载流子要么保持在同一导带或价带谷中 [谷内散射，图 2.5（b）]，要么转移到不同的谷中 [谷间散射，图 2.5（c）]。尽管载流子 – 声子散射并不改变载流子的数量，但载流子的能量由于自发声子发射将能量转移到晶格而降低。在金属和半导体中，激发后的最初几百飞秒内，载流子 – 载流子散射和载流子 – 声子散射同时发生。因为发射的声子携带的能量很少，它需要多次散射，所以载流子和晶格达到热平衡需要几皮秒。

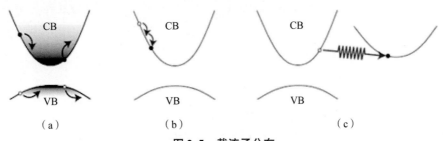

图 2.5　载流子分布

（a）载流子 – 载流子散射；（b）谷内散射；（c）谷间散射

2.1.4　相变过程

当载流子和晶格处于平衡状态时，材料就处于确定的温度。尽管载流子分布的温度与晶格温度相同，但与热平衡态相比，自由载流子的数量较多。多余载流子的去除要么通过电子和空穴的复合，要么通过扩散出激发区。在辐射复合过程中，与光激发过程相反，多余的载流子能量以光子的形式被释放［发光，图2.6（a）］。非辐射复合过程包括俄歇复合、缺陷和表面复合。在俄歇复合过程中，一个电子和一个空穴复合，多余的能量激发一个电子到导带中更高位置［图2.6（b）］。与其他复合机制一样，俄歇复合降低了载流子密度。然而，它保持了自由载流子系统的总能量不变，剩余载流子的平均能量增加。在缺陷和表面复合中，多余的能量被给予缺陷或表面状态。载流子扩散将载流子从样品中最初被激发的区域移走［图2.6（c）］，因此，与复合过程不同，它不会减少材料中自由载流子的总数。在半导体中，由于高载流子密度激发引起带隙减小，载流子限制效应会抑制载流子从光激发区向周围扩散的速度。

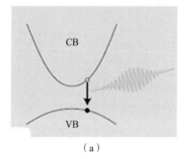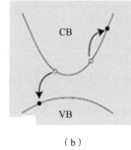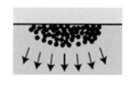

（a）　　　　　　　　　　（b）　　　　　　　　　（c）

图2.6　辐射复合

在飞秒激光的极端条件辐照下，基于电子激发和溢出、电子－晶格的加热等过程，激光辐照区域会形成带电粒子累积、局部高温和高应力，不同效应会导致不同的相变机理。研究相变机制，有利于控制材料的喷发和最终的加工形貌。目前，已发现的相变机制主要包括非热相变和热相变，非热相变包括静电剥离和库仑爆炸[28]，热相变则主要包括熔化、汽化、相爆炸、零界点相分离等[28,30]。受材料性质、激光参数（能量、脉宽、脉冲数等）和加工环境的影响，相变之间存在相互竞争、转变和共存的现象。例如，金属材料的相变机制一般为热相变；非热相变一般在近阈值飞秒激光加工宽禁带材料过程中[31]，可获得光滑的烧蚀结构，但随着作用脉冲数的增加，其相变机制会转变为热相变[32]；另外，在飞秒激光烧蚀半导体材料时也有可能发生库仑爆炸[33]。此外，由于很多相变机制依赖于激光通量，再加上飞秒激光的高斯分布特性，在材料烧蚀过程中则会发生多种相变机制共存的现象。例如，在高于相爆炸阈值的飞秒激光烧蚀铝的分子动力学模拟计算中可观察到相爆炸（中心区域）和分裂（边缘区域）共存的过程（图2.7）[34]。

2.1.5　电子和结构动力学

对于皮秒和亚皮秒激光脉冲，Shank 和他的同事[35]的大量实验证据表明电子激发可直接诱发非热结构变化[36-43]。根据非热等离子体模型，晶格由于电子系统的直接激发而无序，而晶格仍然保持振动冷却[44-46]。光子的吸收产生了自由载流子等离子体，当大约10%的价

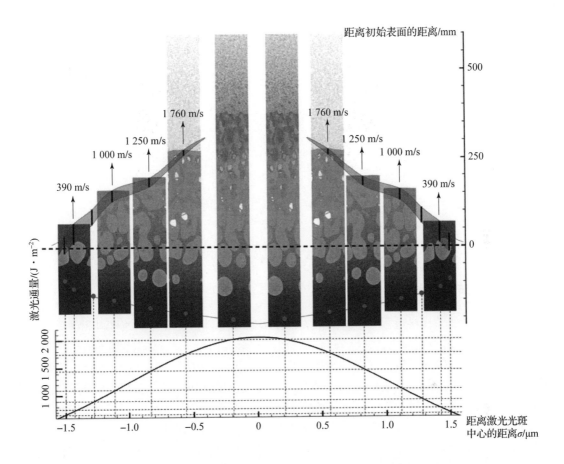

图 2.7　分子动力学模拟高斯飞秒激光烧蚀铝的相变过程（中心为相爆炸，边缘为分裂）[34]，
图像采集时刻对应激光加工后 150 ps，激光通量高于相爆炸阈值

电子从成键轨道去除时，晶格被削弱。光激发可以在不增加热能的情况下使原子移动增强。非热模型认为由激发态电子系统引起的声子发射时间比激光脉冲持续时间慢。当满足这个假设时，大量价带电子被激发，结构相变在电子系统和晶格系统没有达到热平衡的情况下发生，尽管此时每个子系统可能内在是准平衡状态。

　　下面以半导体材料 GaAs 为例，介绍和总结飞秒激光激发下的电子和结构动力学（图 2.8）[47-53]，结果分为三种不同的情况激发。在低激发通量时，即低于不可逆结构变化阈值通量的 50% 左右，自由载流子散射从中央谷地到达侧谷的时间范围是小于 500 fs。载流子弛豫通过快速的俄歇复合和声子发射，使晶格加热发生在大约 7 ps。在中等通量时，即通量在阈值通量的 50%~80%，初始 $\varepsilon(\omega)$ 上的电子效应较强。激发态载流子通过自由载流子吸收、带内填充和带内结构变化，影响介电函数。数据与模型描述的过热，非晶化和液相层的形成是一致的。大约 4 ps 后，介电函数呈现非晶态 GaAs 的形状，说明晶格发生了非热有序无序转变。在高通量情况下，即通量在阈值通量的 80% 以上，呈现明显的半导体到金属转变，在几皮秒（或几百皮秒）的时间尺度内，带隙逐渐闭合。这个转变是非热的，因为转变在很早以前就开始并在载流子晶格热化前就结束了。

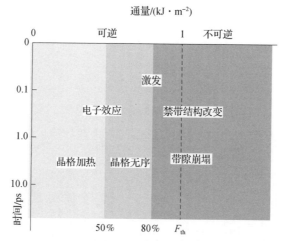

图 2.8 飞秒激光激发下的 GaAs 电子和结构动力学

2.1.6 等离子体膨胀与辐射

在飞秒激光加工材料过程中，经历激光能量吸收和材料相变后，烧蚀材料和电离形成的电子/离子将从材料表面喷射出来，在材料表面以上形成由电子、离子、原子和纳米粒子等组成的高温致密的等离子体，并向外快速喷发扩张，如图 2.9（a）和（b）所示为飞秒激光加工熔融石英产生的向外喷发的等离子体形貌[54]。在向外喷发的同时，等离子体会向四周辐射光谱，包括连续光谱、离子光谱和原子光谱，携带了等离子体本征信息，如等离子体元素种类、等离子体温度和电子密度等。在空气等环境中加工材料时，快速喷发的等离子体将与周围环境相互作用形成冲击波；相应地，在材料内部也会压缩形成冲击波/应力波，如图 2.9 所示为飞秒激光加工石英玻璃产生的外部冲击波和内部应力波的传播形貌[36]。冲击波的形成提高了研究等离子体的喷发过程的复杂性，但也为研究其传播规律提供了新的对象和手段。与光子能量吸收和相变过程一样，等离子体的膨胀与辐射过程也与激光参数、材料性质和加工环境密切相关。

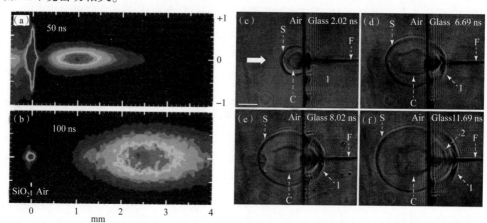

图 2.9 飞秒激光诱导的等离子体和冲击波喷发

（a）和（b）熔融石英等离子体膨胀[54]；（c）~（f）石英玻璃外部冲击波和内部应力波演化[55]，S 表示冲击波，1 和 2 表示第一次应力波和第二次应力波

从上述飞秒激光与材料相互作用的超快过程可以看到，激光诱导等离子体的演化（包括等离子体激发、等离子体膨胀与辐射过程）在材料加工中有极其重要的作用。飞秒激光诱导产生的等离子体是一个多尺度、时变的非平衡过程，研究其动态演化规律有利于研究不同加工参数对材料加工的影响，揭示飞秒激光与材料的相互作用机理。例如，通过研究等离子体激发，分析等离子体自由电子密度的时空演化规律，可以揭示激光能量的吸收机理，研究不同电离机制（主要指多光子电离和雪崩电离）的竞争关系。通过研究等离子体喷发与辐射过程，分析等离子体不同成分/种类和冲击波/应力波的演化规律，可以探索激光能量沉积规律，揭示材料相变过程（包括热相变和非热相变机制）。在此基础上，通过进一步优化激光加工参数，如采用飞秒激光时空整形，对激光与材料的相互作用过程进行调控，从而实现材料最终加工形貌和性质的有效调控，提升加工质量、精度、效率和一致性。

同时，激光诱导等离子体在纳米粒子制备[56]、薄膜沉积[57]、激光诱导击穿光谱检测[58,59]及激光推进[60,61]等众多飞秒激光加工应用中起着关键作用。与纳秒激光脉冲沉积相比，飞秒激光脉冲沉积制备薄膜的沉积效率较低，但存在很多明显的优势[62]，如可沉积透明材料薄膜，可减小大尺寸材料微粒，以及可沉积纳米团簇薄膜等。这些明显的优势使飞秒激光脉冲沉积得到了广泛的研究，如图 2.10 所示为飞秒激光加工 TiO_2 样品沉积得到的 TiO_2 薄膜[63]，在薄膜表面可观察到纳米结构和纳米聚集，但没有微粒的产生。作为薄膜沉积的关键，等离子体的喷发特性决定了薄膜的生长和质量，是研究脉冲激光沉积的重点。又如，在激光诱导击穿光谱领域，采用飞秒激光作为击穿光源可提升元素检测的空间分辨率，减小被检测材料的去除量（减少对样品的伤害）[64]，但同时由于缺少等离子体的再加热过程，等离子体的寿命和强度受到了很大限制。如何进一步提升飞秒激光诱导击穿光谱的检测能力是当下的研究热点，其关键在于理解和调控激光诱导等离子体的演化规律。

图 2.10　飞秒激光脉冲沉积得到的 TiO_2 薄膜[64]

因此，从揭示激光加工机理和提升应用潜力的角度来说，深入理解飞秒激光诱导等离子体的演化规律具有极其重要的意义。

2.2　平衡载流子与非平衡载流子

超快动力学过程是一个非常大的题目。随着激光脉冲技术与应用的飞速发展，尤其是超快激光技术的日趋成熟，超快激光脉冲被应用于探索物质的结构及物理与化学变化等瞬态动力学行为与过程，为传统的物理、化学、生物、医疗、制造等领域开辟了新的发展方向。例如，在材料物理学领域，半导体纳米结构量子线、量子点、纳米晶体的载流子动力学研究，以及超导材料库伯对的复合过程研究，揭示了电子态配对情况、电子能级、超导能隙等重要信息。我们以半导体中载流子的动力学过程为切入点来深入学习，希望后期可以由点及面逐渐扩大知识面。

接下来主要介绍什么是平衡载流子与非平衡载流子，非平衡载流子是如何注入与复合的，进而引出弛豫时间和寿命的概念，从而了解半导体中的超快过程。

2.2.1 两种载流子

本征半导体的导电机制是由两种载流子构成的：一种是电子；另一种是空穴。电子（Electron）是最早发现的基本粒子，带负电，电量为 $1.602\,176\,634 \times 10^{-19}$ C，是电量的最小单元，质量为 $9.109\,56 \times 10^{-31}$ kg，常用符号 e 表示。1897 年，英国物理学家约瑟夫·约翰·汤姆生在研究阴极射线时发现电子。一切原子都由一个带正电的原子核和围绕它运动的若干电子组成。电荷的定向运动形成电流，如金属导线中的电流。电子的波动性于 1927 年由晶体衍射实验得到证实。空穴是指在满能带的体系当中，有一个电子从满带中逃逸之后，余下的所有电子的集体的导电行为，等价于一个带正电的有效质量为正的空穴的导电行为。

有没有可能有一种半导体材料完全是由电子导电为主，而另一种材料是由空穴导电为主呢？

在实践中发现确实是可能的，而且正是因为有这两种导电机制，才为半导体器件的产生和工作奠定了重要的理论基础和实践基础。

2.2.2 杂质和缺陷

为了解不同载流子半导体的导电，下面首先介绍一下杂质的概念，杂质就是半导体中存在的与本体元素不同的其他元素。

以锗、硅原子中的杂质为例（图 2.11），如果按照球形原子堆积模型，金刚石晶体 C 的一个原胞中的 8 个原子只占该晶胞体积的 34%，还有 66% 是空隙。所以原子的填充比是比较低的。如图 2.11 中 A 原子所示，如果杂质原子的半径比较小，就可能填到缝隙里面，成为间隙式杂质原子，即杂质原子位于晶格原子间的间隙位置，该杂质称为间隙式杂质。如图 2.11 中 B 原子所示，如果杂质原子的半径与晶体原子比较接近，就可能成为替位式杂质原子，即杂质原子取代晶格原子而位于晶格点处，该杂质称为替位式杂质。这里定义一个杂质浓度的概念，单位体积中的杂质原子数称为杂质浓度，也就是每立方米或者每立方厘米中有多少个 A 或 B 杂质原子。

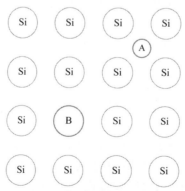

图 2.11　间隙式杂质原子与替位式杂质原子

即使极微量的杂质和缺陷，也会对半导体材料的物理和化学性质产生决定性的影响，严重影响半导体器件的质量。在绝大多数情况下，半导体的导电性主要是由所含的杂质和缺陷决定的，杂质和缺陷的作用在半导体物理中不是次要因素，而是主导因素。

点缺陷的主要来源有两种：第一种是杂质原子（替位式、间隙式）不完美的晶体会有缺陷和位错；第二种是通过热运动，而不是杂质，晶体当中的各个原子在某一个温度下是有振动的，有的地方振动比较剧烈，有的地方振动比较弱，有的地方原子在瞬间获得极大的能量，就有可能逃离自己的点阵位置跑到其他位置上。

在一定温度下，晶格原子不仅在平衡位置附近作振动运动，而且有一部分原子会获得足够的能量，克服周围原子对它的束缚。对于弗兰克尔缺陷（图 2.12），这个原子逃离自己的点阵形成一个空位，逃到其他位置形成一个间隙，就是空位 – 间隙成对出现。

还有一类只有空位，没有间隙原子，这类是肖特基缺陷（图 2.13），虽然一般空位和间隙总是同时存在，但是由于进入间隙需要的能量比较大，需要很大的能量才能通过原子与原子之间的平衡位置进入间隙，可是一旦进入间隙之后，再从里面跑出去却是非常容易的。这就好比是爬山的亚稳态，虽然好不容易才爬上去，但是掉下去还是很容易的。所以在晶体里面空位要比间隙原子多得多，也就是说肖特基缺陷更普遍一些。

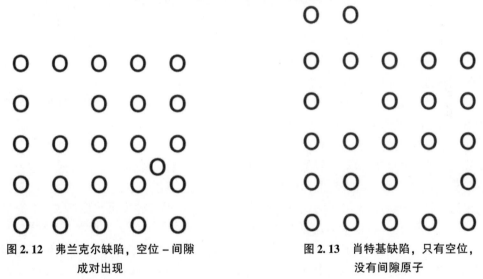

图 2.12　弗兰克尔缺陷，空位 – 间隙　　　图 2.13　肖特基缺陷，只有空位，
　　　　　成对出现　　　　　　　　　　　　　　　　没有间隙原子

这些杂质原子在晶体中也会引入一些能级，那么这些能级是如何定义的呢？下面首先介绍施主杂质和施主能级。

当 V 族元素 P 在 Si 中成为替位式杂质且电离时，能够释放电子而产生导电电子并形成正电中心，称它们为施主杂质或 n 型杂质。

看一下这句话在晶体中是如何来理解的：硅原子的 4 个价电子和另外 4 个价电子形成 4 个共价键（图 2.14），这时晶体是呈电中性的。原子核带 4 个正电荷，但也有 4 个价电子屏蔽原子核，所以呈电中性。而对于磷原子来说，它有 5 个价电子，用一个五价磷原子替换 1 个四价硅原子后，仍然可以和周围的 4 个硅原子形成 4 个共价键，但是它多余 1 个电子，称为键外电子，这个电子就比较麻烦，没有位置给它形成共价键。

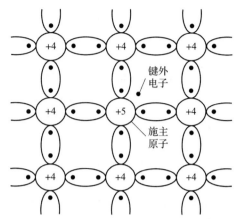

图 2.14　成键后磷原子多余一个价电子

那么这个键外电子的运动状态是什么？这个键外电子所处的能量是什么？

由于这个键外电子是在共价键外面的，相比于共价键，它自由得多。因为共价键里面的电子是满价带电子，需要很大的能量才能从化学键里面逃逸出来，所以说既然它已经是键外电子了，就说明第 5 个电子要比束缚在化学键里面的电子自由得多。

首先，分析与价带电子能级的关系。对于绝对零度下的硅，导带里面没有电子，而价带里面是充满电子的。也就是说，共价键里面的电子的状态是对应在满价带里面的电子的。而键外电子的能量要比共价键里面的电子能量高很多，所以对应的能级要比价带的顶部高，而且比价带能级还要高很多，就是 E_D 的位置。

然后，分析与导带电子能级的关系。价带电子获得足够多的能量可以跃迁到导带中，导带电子就是在晶体里面可以自由作共有化运动的一个电子，但键外电子和可以自由运动的导带电子还是有所区别的，因为键外电子还是受到磷原子核的库仑作用，使键外电子会围绕着磷原子作较大半径的圆周运动。就像氢原子外面的电子一样被束缚住了，要想让这个键外电子也形成导带电子，成为可以在晶体中自由运动的电子，就要给它足够的能量，克服磷离子的库仑束缚，从而运动到无穷远的地方。这时也就意味着对于硅来讲，虽然 E_D 比价带高很多，但是即使键外电子想到达导带的最低能级，也需要额外的能量，使其脱离库仑力的束缚，其能级应该在什么位置呢？应该在导带下面一点点的位置。需要一定的能量才能够跃迁到导带里面去。所以我们可以清楚地得到对于施主杂质，可以提供电子，那么在电离之前（键外电子脱离原子核的束缚成为自由电子就叫作电离），施主杂质能级 E_D 是落在禁带中的 = 导带底的能量 − 库仑力的束缚。

我们就比较清楚地看到，对于施主来讲，它的能级就应该在导带的底部有一个电离能 ΔE_D（图 2.15）。但是在画施主能级的时候呢，我们需要注意以下几点。

（1）杂质能级只能用短线来表示，不能画成连续的能带。为什么呢？因为我们知道在硅里面掺杂的这些施主杂质的体浓度是比较低的，也就是说，一个正五价磷原子和另外一个正五价磷原子不能作共有化运动，因为它们相距比较远。既然不能共有化，也就是说杂质还没有形成能带，它是分立的，那么我们可把

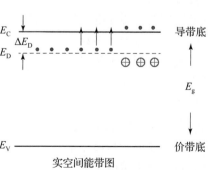

图 2.15　能带结构示意图

分立的能级体现为一条条短线，来刻意地说明这个杂质能级是分立的，而且是局域的，只在磷离子周围才有。

（2）电离能（需要键外电子摆脱库仑能所需要的能量）远远小于禁带宽度，后面我们会举实例来证明这一点。为了表示杂质处于磷离子的束缚和摆脱磷离子的束缚的不同状态，我们在图上也可以有所体现，比如，这个碳原子的键外电子仍然受到磷离子的束缚时，短线表示磷离子的中心，上面还有用小点表示的电子，还在它的束缚之内，不能成为自由导电的电子，没有进入导带中。

什么是电离？一旦这个电子获得了能量可以运动到无穷远处，摆脱了原子核的束缚，我们称这个过程为电离，在能带图上表示为这个小点获得能量跃入导带，（中间过程）称为杂质的电离，然后键外电子自然就成为导带中的自由电子。可是磷离子失去了第 5 个电子后，使磷离子周围的区域不再呈现电中性，而是形成一个磷离子本身带正电荷的正电中心。所以能带图上就画成是一个个带正电荷的正电中心（图 2.15）。

（3）（$T = 0$ K，束缚态）介绍一些定义。

当温度 $= 0$ K 时，键外电子没有热能，于是它就老老实实地被磷离子束缚着，成为束缚态。

当温度不等于 0 K，而是有所提高的时候，键外电子有可能获得能量，摆脱磷离子的束缚，成为电离态；贡献到导带，成为自由电子。

从能带角度上讲，就意味着电子从杂质能级 E_D 跃迁到 E_C，称为导带电子，就是电离了。

从空间角度上讲，就是电子脱离磷离子的库仑束缚，运动到无穷远，从而成为（共有化的）导带电子。这样的状态下磷离子本身没有键外电子了，成为离化态了，就不是束缚态了。

那么怎样使键外电子能够摆脱磷离子的束缚呢？一般来讲，第一种就是热激发，给它点热量是可以的，热量可以提供电子的动能是 KT 量级，所以一旦有了温度，电离是可以发生的。粒子热运动的剧烈程度增加了，就可以摆脱磷离子的束缚。第二种就是光吸收，辐射吸收，把光子打到电子上，它吸收了能量，就可以转化为动能，摆脱磷离子的束缚。

以上讲的就是施主杂质，因为它有多余的电子，可以提供额外的电子。还有对应的概念就是受主杂质和受主能级。刚才是将一个硅原子用磷原子替代了，如图 2.16 所示。掺杂后自由电子数目大量增加，自由电子导电成为这种半导体的主要导电方式，成为 N 型半导体。在 N 型半导体中，自由电子是多数载流子，空穴是少数载流子。

用 Ⅲ 族硼原子替代硅原子的位置，如图 2.17 所示。因为它有 3 个价电子，它也努力使自己和周围的 4 个硅原子形成 4 个共价键。但是硼原子只有 3 个价电子，那么缺少的那个电子从哪里来呢？从隔壁的某一个硅的共价键里贡献出来。硼原子自己本身是 3 个价电子时是电中性的，一旦获得了一个价电子，形成完美的共价键，就多了一个电子，那么它本身就成为带负电的负电中心了，使提供价电

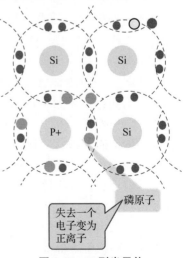

图 2.16　N 型半导体

子的硅原子附近就带正电荷，原来是电中性的，现在就少了一个电子贡献给硼原子了，自己的区域就表现成一个正电荷中心了。

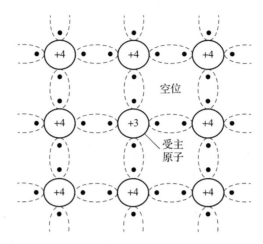

图 2.17　硼原子替代硅原子的位置，多余一个空位

也可以看作硅这里有个正电荷，硼这里有个负电荷，这个硅正电荷围绕着硼负电荷，也是受到了库仑束缚，在附近作局域化的运动，所以硼离子这样的运动状态就可能为半导体提供空穴。空穴就定义为满带的电子（价带电子满带时）逃逸出电子后而剩余的空位，所有电子加上这个空位所构成的集体的行为，相当于一个带正电荷的空穴。只是这时这个空穴还属于束缚态，它没有可能在晶体里面的电子之间运动。也就是说，如果我们给这个空穴一定的能量，它是可以摆脱与硼离子之间的库仑束缚的，成为在晶体之间可以自由运动的、传导电流的自由空穴。所谓的自由空穴，是出现在价带里面的，因为价带是满带，逃逸一个电子，就会在价带里面形成一个空穴，如图 2.18 所示。

可是我们要引入一个新的能量体系，在能带图里面如果考虑空穴，它的能量分布规律和电子有什么相同点和不同点？首先我们画一个典型的电子能带图。下面的能带都是满带的，上面的能带对于硅来讲，在 0 K 时是空的。对于高能电子 1 靠近价带顶位置的情况：当价带里面有一个电子获得了能量跃迁到导带时，导带里面就会有一个电子，价带里面就会留下空位，价带里面所有的电子再加上这个空位就表现为一个空穴的运动。把电子从价带搬到导带中，

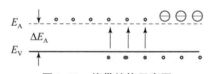

图 2.18　能带结构示意图

对应所需的能量值就是导带底和价带顶的能带差。对于低能电子 2 远离价带顶位置的情况：如果在下面一点的位置，也就是把离价带顶稍微远一点的电子搬到导带底，对应需要的能量就更多。从能量来讲电子 2 比电子 1 能量低很多，所以，低能电子需要更多的能量将电子送到导带底。那么对于空穴来讲，如果是使低能电子逃逸到导带中去，就要做很多功，使它成为自由导电的导带电子。那么做的这些功去哪里了呢？实际上这些功并没有消失，而是贡献给整个价带电子体系了，只不过是缺了这个位置，即留下一个空穴的价带体系的能量。也就是说，对应于低能电子的空穴本身对应的能量是更高的。所以，高能电子逃逸

后在价带中所形成的空穴要比低能电子逃逸后在价带中所形成的空穴在能量上更低。因为，从电子的高能位置形成空穴，所需要对体系做的功是小的，也就是贡献给价带系统的能量少，这个有空位的价带系统的能量要低。而对于电子的低能位置形成空穴，电子逃逸后在价带中所形成的空穴的能量更高，因为它需要做更多的功。所以在能带图上，如果考虑电子，越向上能量越高；如果考虑空穴，越向下能量越高。空穴不是一个真实的粒子，而是满带体系少了一个电子后留下的空位，这些空位加上其余电子集体的一种行为，是一个系统的行为。那么，拿掉电子后就要给价带体系做功。

因为价带是满的，有一个电子逃逸到导带，就在价带里面留下了一个空位，这个空位就是一个空穴，如果价带底部有电子逃逸，当然这比较难，一般考虑的都是价带顶部的情况。但是如果比较底部的空穴和顶部的空穴，底部空穴的能量要比顶部空穴的能量高，所以考虑空穴的能量，往下是能量升高的。

我们可以看到，对于硼形成一个负电中心时，如果给空穴一定的能量，空穴也可以摆脱它们之间的库仑束缚，所以空穴对应的能级离价带顶部一定不太远，只要给一点能量就可以成为价带当中自由导电的空穴。也就是说，空穴的能级可能是在 E_A 的位置，给了一定的能量之后，注意对于空穴来说向下能量变高，它就可以把空穴变成一个自由导电的空穴。

能级的位置确定以后，能级也是分立的，它在摆脱库仑束缚之前，是在每一个硼杂质上面束缚着一个空穴，给了一定的能量之后，这个空穴就可以发射到价带的顶部，价带顶部产生空位，它本身就是获得电子的过程，本身形成一个带负电的中心，价带中就多了可以自由导电的空穴。

为什么我们说把空穴的发射或者电离等同于把电子发射到杂质能级填充空位的过程？这是因为空穴毕竟是假想出的，实际上导电还是电子为主的，所以可以看到，如果空穴从一个位置转移到这个位置，就开始自由导电了，就可以共有化运动了。空穴导到这个位置实际上就相当于这个位置原有的电子跳到原来空穴的位置，刚好复合掉，形成一个电子的过程。实际上，如果空穴从一个位置到另外一个位置，就相当于电子从另外一个位置回来和这个空穴复合掉，形成负电复合中心，价带中形成空穴。

以上是从机制上讲述了空穴是如何形成的。可以通过人为的掺杂行为，使半导体空穴导电为主。当Ⅲ族元素 B 在 Si 中成为替位式杂质且电离时，能够接受电子而产生导电空穴并形成负电中心，称它们为受主杂质或 P 型杂质。

在 P 型半导体中空穴是多数载流子（图 2.19），自由电子是少数载流子。N 型和 P 型半导体都是中性的，对外都不显电性。

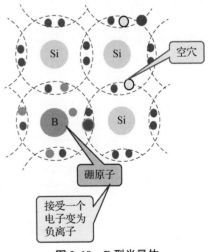

图 2.19　P 型半导体

2.3 杂质半导体中的载流子统计

2.3.1 杂质能级

能级关系对分析 PN 结、MOS 管非常重要。

半导体的种类：一种是以电子导电为主，称为 N 型半导体；另一种是以空穴导电为主，称为 P 型半导体；还有一种电子和空穴的浓度是相同的，就是本征半导体。刚才讲过半导体通过人工掺杂可以呈现电子导电为主或者空穴导电为主，形成 N 型或 P 型，那么如果同时存在施主、受主会发生什么情况呢？就会发生杂质补偿作用。

假设我们在能带图上观测到大量的施主杂质和少量的受主杂质，施主周围有多余的价电子，受主周围缺少价电子，施主周围多余的价电子正好填充受主周围空缺的价键电子，那么在能量上就表现为大家没有提供多余的价键电子，也没有提供多余的空穴，所有的化学键都饱和了，这时候系统的能量最低，达到稳定状态，所以补偿的发生是为了使系统的能量降低。

如果系统中有少量的受主和大量的施主存在，在电离之前，施主上都束缚着电子，而受主上都束缚着空穴，施主上的电子很情愿地就会跳到受主的空位上使它复合掉，自己成为带正电的中心，这样化学键饱和，能量最低。但是，由于施主浓度大于受主浓度（图 2.20），会使当受主上所有的空位都被填充后仍然有多余的施主，那么多余的施主上的电子就可以电离，成为导带的自由电子。最后形成如图 2.21 所示的能带关系，所有的施主都电离了，形成正电中心，所有的受主也都得到施主电子了，形成负电中心，但是受主并没有贡献空穴，因为电子不是从价带中获得的，而是由施主提供的。可是施主提供的导带自由电子也会因为有部分电子用于补偿受主杂质而降低。所以定义有效掺杂浓度为施主杂质浓度 – 受主杂质浓度。这里，如果受主比较少、施主比较多就定义为电子导电；如果施主比较少、受主比较多就定义为空穴导电。

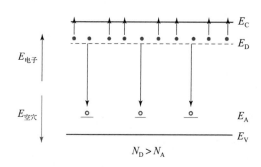

图 2.20 施主浓度大于受主浓度的能带图

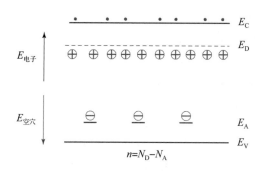

图 2.21 施主全部电离的能带图

这里有一个特例，如果施主浓度等于受主浓度，尽管这个半导体掺杂了，但是这两种杂质都没有向导带和价带贡献电子和空穴，所以杂质半导体本身的导电特性没有发生太大变化，还和本征半导体类似，这时电阻率非常高。可是这个时候要注意一下，它并非高纯半导体。所以不能仅从电阻率来判断它是不是本征的高纯的半导体，需要结合其他指标评估。

前面讲的都是浅能级杂质，都是很容易电离的杂质。当半导体中存在非Ⅲ、Ⅴ族杂质时，比如锗里面掺杂金/银/铜，就会引入深能级，如图 2.22 所示。深能级杂质有两个特点：①杂质能级离带边比较远，需要提供很大的能量才能使其电离，施主杂质电离能和受主杂质电离能甚至能与禁带宽度比拟；②深能级杂质还存在多次电离的问题，可以提供多重能级，也就是说它能提供多个施主能级，这在处理上就比较麻烦。同时，它还可以既成为施主杂质，又成为受主杂质，即所谓的两性杂质。

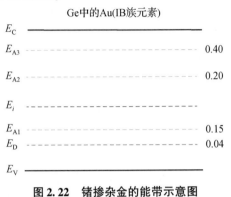

图 2.22　锗掺杂金的能带示意图

下面以锗中的金元素为例来理解深能级的概念。金是一种过渡金属（IB 族元素 $5d^{10}6s^1$），原子序数 79，它存在 5 种带电状态。当它进入锗中成为替位杂质时，可以失掉一个电子，呈正 1 价，成为贡献一个电子的施主杂质；既不增加也不减少电子，成为金的 0 价态；金原子缺少 3 个电子成为共价电子，因此，金可以成为接受 1 个电子、2 个电子、3 个电子的状态，分别成为三个受主能级状态。

当金原子失掉一个电子，释放一个电子到导带，成为一价金离子。由于不是多余一个电子，而是只有一个共价键电子，被锗和金牢牢束缚着，电子束缚在金－锗共价键中，所以电离能很大，近似与锗－锗共价键的键能逃逸差不多，差不多等于锗的价电子从价带顶部跑到导带底部的能量才能摆脱束缚，需要 E_D 的能量才能逃逸出去。

E_i 之上所标记的数值是表示能级比导带底低多少，E_i 之下所标记的数值是表示能级比价带顶高多少。可以清楚地看出，当金作为施主杂质出现时，它需要的施主杂质能级的电离能是非常大的，因为这个电子是被束缚在金锗共价键中的。同时，还有三个受主能级，E_{A1}、E_{A2}、E_{A3} 分别表示接受 1 个电子、接受 2 个电子、接受 3 个电子的状态，因为当金只有 1 个电子的时候，在和锗形成共价键时，金可以接受 1 个电子，也可以接受 2 个电子或 3 个电子。当外面来了 1 个电子的时候，形成第一个受主能级，这时由于金本身不是电中性的，而是带一个电子的负电荷，当其接受第二个电子时，由于本身是负电荷中心，那么负电荷和第二个电子之间就有排斥作用了，所以第二个电子在进入金－锗共价键时需要更多的能量对体系做功，可以发现 E_{A2} 的能量要比 E_{A1} 的能量高；同理，金就是带两个负电荷了，但是仍然可以接收第三个电子，所以第三个电子需要更强的能量来克服库仑力才能进入价键。可以看到受主 E_{A3} 的能量要比 E_{A2} 的能量高，所以有 $E_{A1} < E_{A2} < E_{A3}$。

深能级杂质的作用：①由于电离能都是比较大的，施主电离能和受主电离能都比较大，所以比较难电离，对载流子的贡献比较小，对载流子浓度影响小，也就是掺杂后对半导体的导电性没有多大影响；②深能级杂质的复合作用，对于少子的复合有很大的作用，它可以非常有效地复合非平衡载流子，可以有效降低非平衡载流子的寿命，这将在后面的章节仔细讲解。

2.3.2　载流子统计

杂质半导体是指半导体不是纯净的，通过掺杂（掺杂磷、砷、硼等）可改变本征半导体的导电特性，呈现空穴或电子导电。下面看一下不同温区的费米能级的变化规律，如图2.23所示。

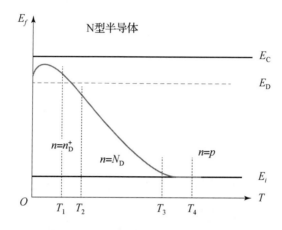

图2.23　不同温区费米能级变化趋势

（1）对于低温弱电离区 $0 < T < T_2$：在一开始的时候，绝对零度，E_f 在 E_C 和 E_D 一半的地方开始增加，达到极值后逐渐下降到杂质能级以下，在 $T < T_2$ 都满足电中性条件，电子浓度 $n = $ 电离施主杂质浓度 n_D^+，在这个温度下空穴浓度是忽略的。

（2）对于强电离区 $T_2 < T < T_3$，温度进一步升高，进入强电离区，杂质完全电离，载流子的浓度不变，就等于杂质浓度了 $n = N_D$，称为工作区；载流子浓度不再随温度变化，这是饱和区，这是有意义的一个区间。注意：由于（杂质浓度）$N_D < N_C$（电子状态密度），第二项 <0。

（3）对于过渡区 $T_3 < T < T_4$（强电离区→本征区），随着温度的进一步升高，需要考虑本征激发，电中性条件 $n_0 = p_0 + n_D^+ = p_0 + N_D$，$n_0 p_0 = n_i^2$。

（4）随着温度进一步升高，$T > T_4$，本征激发浓度已经超过掺杂浓度，$n_i \gg N_D$，进入本征区，温度最终使费米能级跑到了禁带的中线。

更进一步，与此对应的是载流子浓度随温度的变化关系，如图2.24所示。

在最右侧区域，载流子浓度在低温弱电离区，斜率是和杂质的电离能 $\Delta E_D = E_C - E_D$ 有关系的。进入中间区域，载流子浓度进入饱和区，载流子浓度就是一个常数，等于杂质浓度 $n = N_D$，称为工作区。最后进入最左侧的高温区域，这就是本征激发了，斜率就和禁带宽度 E_g 有关了。

2.3.3　费米能级和杂质浓度

下面总结一下费米能级（E_f）和杂质浓度（总的施主浓度 N_D）的关系。不同掺杂浓度

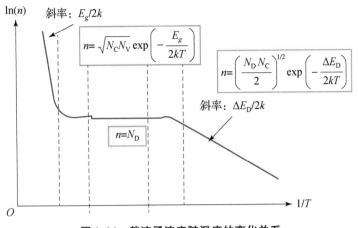

图 2.24　载流子浓度随温度的变化关系

费米能级的变化，主要考虑室温下的强电离区（工作区），也就是杂质基本上全电离了。在这个区间的费米能级表达式 $E_f = E_C + kT\ln\dfrac{N_D}{N_C}$ 中，$np = n_i^2$。

（1）一般情况下，$N_D < N_C$，所以费米能级是在导带以下的，可是如果 N_D 越来越大，$\ln\dfrac{N_D}{N_C}$ 就会变大，那么费米能级离导带的距离就越来越近。

从能带图形 2.25 看出，当 N_D 很高时，费米能级是离导带很近的，也就是强 N 型半导体。

（2）随着 N_D 的减小，$\ln\dfrac{N_D}{N_C}$ 就会变小，那么费米能级离导带的距离就越来越远了，我们称其为弱 N 型半导体，电子浓度不是很高，其能带图形如图 2.26 所示。

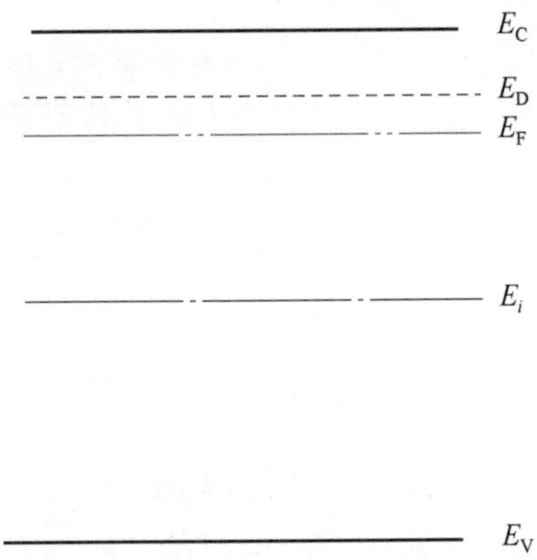

E_C	E_C

图 2.25　强 N 型半导体能带图形 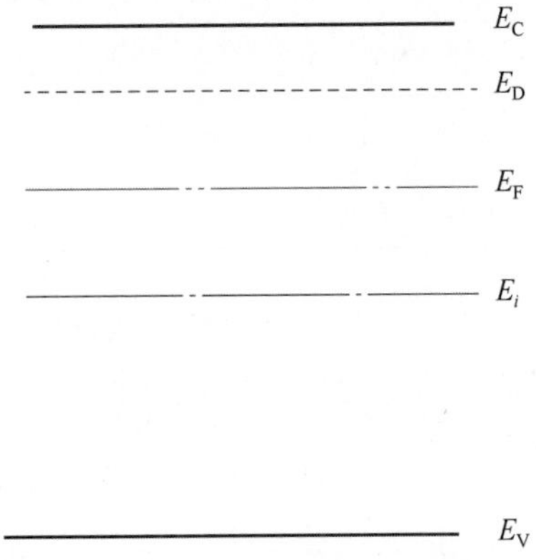　　　　图 2.26　弱 N 型半导体能带图形

（3）更进一步，如果掺杂浓度施主 N_D = 受主 N_A，就是本征的，那么费米能级就回到了禁带中线。费米能级对应的是本征的能级，不代表材料就是本征半导体（不是高纯半导体），其能带图形如图 2.27 所示。

（4）如果掺杂浓度变成受主，当受主浓度 N_A 低时，那么费米能级离价带的距离就比较远。我们称其为弱 P 型半导体，其能带图形如图 2.28 所示。

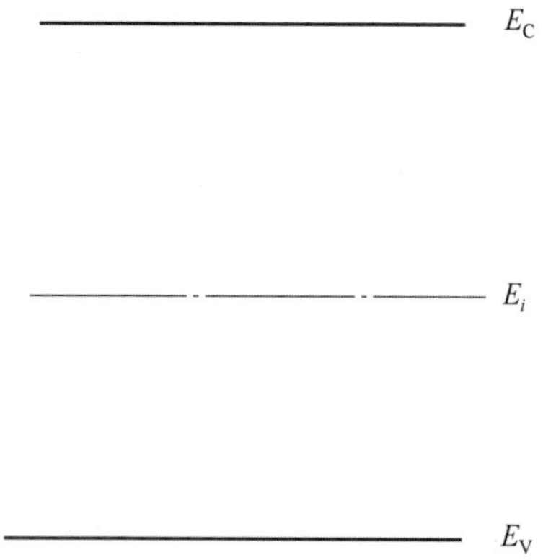

E_C

E_C

E_i

E_i

E_F

E_A

E_V

E_V

图 2.27　本征半导体能带图形 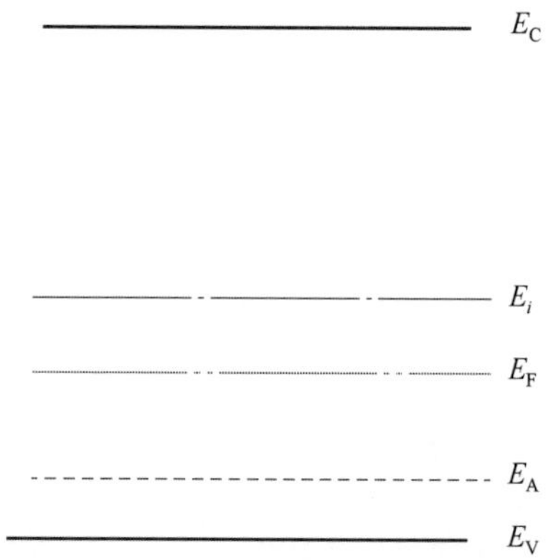　　　　图 2.28　弱 P 型半导体能带图形

（5）如果受主浓度 N_A 更高，那么费米能级离价带的距离就比较近。我们称之为强 P 型半导体，其能带图形如图 2.29 所示。

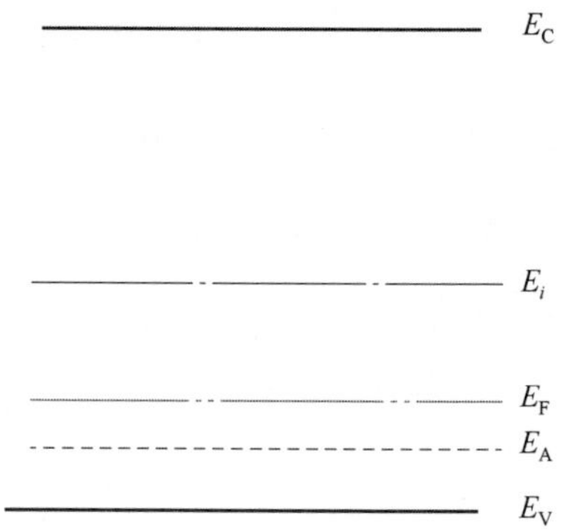

E_C

所以，从公式中可以看出费米能级和掺杂浓度是一一对应的，反映了掺杂浓度水平的高低，也反映了半导体的导电类型。当费米能级落在材料禁带中线以上时，是 N 型半导体，电子浓度偏高，而且是离导带越近，电子掺杂浓度越高。由此引出多子和少子的定义，在 N 型半导体中，多数载流子是以电子导电为主，称电子为多子，空穴为少子（参见表 2.1）。

E_i

E_F

E_A

E_V

图 2.29　强 P 型半导体能带图形

表 2.1　多数载流子与少数载流子对应情况

半导体	多数载流子（多子）	少数载流子（少子）
N 型半导体	电子	空穴
P 型半导体	空穴	电子

当费米能级落在材料禁带中线以下时，是 P 型半导体，载流子空穴浓度偏高。离价带越近，空穴掺杂浓度越高。在 P 型半导体中，多数载流子以空穴导电为主，称空穴为多子，电子为少子。

2.4　弛豫时间和寿命

非平衡系统是指外界作用（光、电等）破坏平衡态（图 2.30），产生非平衡载流子。载流子注入是指半导体通过外界作用而产生非平衡载流子的过程。利用光照在半导体内引入非平载流子的方法称为载流子的光注入。除光外，还可以利用电或其他能量传递方式在半导体中注入载流子，称作载流子的电注入。

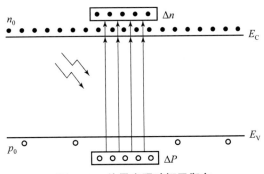

图 2.30　外界光照破坏平衡态

非平衡载流子产生以后，一旦产生的源头消失，非平衡载流子就要逐步减少，趋向于恢复平衡状态。非平衡载流子从产生到消失的平均时间称为非平衡载流子的寿命，如图 2.31 所示。计算表明这就是非平衡载流子衰减到 $\dfrac{1}{e}$ 所需的时间。实际上，平衡载流子也是有寿命的。在一定温度下，由于热激发不断产生载流子同时也有载流子不断复合消失，两者达到平衡，从统计平均的角度讲这时载流子浓度不变。必须详细分析非平衡载流子的各种产生、复合过程，才能正确地计算出非平衡载流子的寿命。非平衡载流子的产生和复合过程必须满足能量守恒和动量守恒。

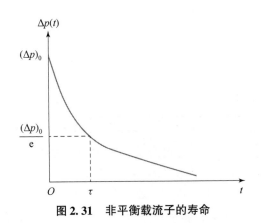

图 2.31　非平衡载流子的寿命

2.4.1　复合的分类

按照复合过程分类，复合可分为直接复合和间接复合。直接复合也称带间复合，是电子直接从导带跳到价带的复合，它的逆过程就是价带中有一个电子激发到导带产生电子 – 空穴对，即本征激发，主要发生在直接能带半导体。间接复合是指通过媒介（第三者）进行复合，也称复合中心复合，主要发生在间接能带半导体。描述这种复合过程的基本理论是由 Hall 以及 Shockley 与 Read 于 1952 年提出的，后被广为引用，称作 SHR 模型，如图 2.32 所示。

按照复合位置分类，复合可分为体内复合（间接复合）和表面复合（间接复合），如图 2.33 所示。体内复合是非平衡载流子通过体内复合中心能级产生的复合。表面复合是非平衡载流子通过表面复合中心能级产生的复合。

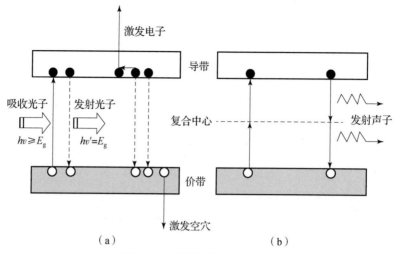

图 2.32　直接复合与间接复合

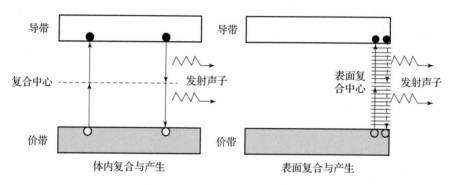

图 2.33　体内复合与表面复合

按照复合时的能量交换分类，复合可分为辐射复合和非辐射复合。辐射复合（发射或吸收光子）实际上涉及电子 – 光子相互作用（e – 光子）。非辐射复合的特征是：非辐射复合的情况 1：复合后不发光，发射声子，能量传递给晶格，实际上就是热能，振动（e – 声子）。非辐射复合的另一种特征是：非辐射复合的情况 2：能量没有传递给晶体，而是给了第三个电子，实际上就是电子 – 电子之间的相互作用（e – e），载流子之间交换能量（俄歇复合，高载流子浓度）。俄歇复合是指俄歇跃迁相应的复合过程。俄歇效应是三粒子效应，在半导体中，电子与空穴复合时，把能量或者动量通过碰撞转移给另一个电子或者另一个空穴，造成该电子或者空穴跃迁的复合过程叫俄歇复合。这是一种非辐射复合，是"碰撞电离"的逆过程。什么是碰撞电离？在低速电场中，（低能）电子会因为晶格和杂质的存在而发生散射，但并不会与原材料原子反应，但在高速电场中，（高能）电子有足够的动能撞击晶格原子并电离它们。一个碰撞粒子可以撞出两个额外的粒子，即一个电子和一个空穴，新的载流子在电场加速作用下碰撞电离出更多的电子 – 空穴对，当电场足够大时，就会发生雪崩击穿。这种复合不同于带间直接复合，也不同于通过复合中心的间接复合（Shockley – Hall – Read 复合）。俄歇复合是电子与空穴直接复合，如图 2.34 所示，同时将能量交给另一个自由载流子的过程。计算寿命就是要在能量守恒和动量守恒的前提下计算能级之间的跃迁概率。

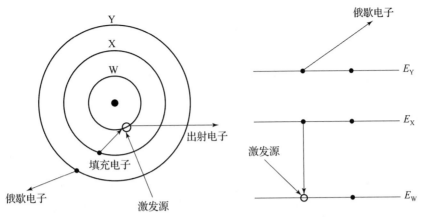

图 2.34　俄歇电子跃迁过程和俄歇电子跃迁过程能级图

2.4.2　直接复合及载流子寿命

复合过程不是单一的过程，它是一个大面积的统计性的过程。在热平衡的状态下，复合率 $R =$ 产生率 G，复合和产生是伴生的，有复合就有产生，有产生就有复合，二者是可逆的、不可分割的。在平衡状态下，由于导带的电子浓度和价带的空穴浓度都不含时变化，所以产生率和复合率相等，如图 2.35 所示。也就是说，复合下来的电子–空穴对产生的速度一定等于电子–空穴对消失的速度，这样才能保证浓度不变。复合率就是单位时间单位体积内复合掉的电子–空穴对数。产生率就是单位时间单位体积内产生的电子–空穴对数。在非平衡状态下，$R \neq G$，造成导带电子和价带空穴浓度含时变化，对时间有依赖。电子速率方程又称动力学方程，它表明了浓度等参数与时间等参数的关系。宏观上定义一个净复合率 U_d 的概念，就是复合率 R – 产生率 G。如果复合率 > 产生率，那么体系就有净复合，体系的电子–空穴对数减少。

下面看一下直接复合，复合的子过程与什么有关？复合就是电子在运动过程中碰到空穴后复合了。从价带角度来讲，就是导带电子回到共价键的空穴，形成完美的共价键配对了。因为是电子碰上空穴，所以自然是取决于电子的浓度 n 和空穴的浓度 p，如果两者之间任意一个浓度越高，自然复合的概率就越高。复合率 R 正比于两者浓度的乘积 np。前面由于量纲的问题引入一个比例系数 r，称为复合概率。在非简并情况下，r 只与温度 T 有关。那么产生率与什么有关呢？首先，价带要可以产

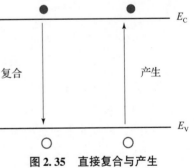

图 2.35　直接复合与产生

生足够多的电子，导带有足够多的电子的空位。也就是说，价带要有足够多的空穴的位置，有态密度，需要有位置能够容纳新产生的空穴，导带也要有足够多的位置容纳新产生的电子，位置越多产生概率越大。产生率 G 正比于导带空闲的电子状态，也正比于价带空闲的空穴状态，对于半导体来讲，电子–空穴对浓度相对于导带和价带的状态密度是微乎其微的，G 只与导带和价带状态密度乘积 $n_{导带}n_{价带}$ 有关，因此为常数。所以无论是平衡态还是非平衡态，不管载流子增加多少，产生率都和载流子浓度无关，它是一个常数。在非平衡状态下，又可以应用平衡态的载流子产生率的数据，因为产生率不依赖于载流子浓度。

根据平衡态时产生率 G_0 公式，在热平衡状态下，产生率 $G_0 =$ 复合率 R_0，直接写出平衡

态的复合率表达式 $G_0 = R_0 = rn_0p_0 = rn_i^2$，得到产生率 $G = G_0$ 的表达式，是一个已知常数。根据非平衡态净复合率公式，当分析非平衡状态时，净复合率可以写成 $r(np - n_i^2)$，这个过程显然是取决于多子的。因为小注入的定义（$\Delta p \ll$ 多子），二阶小量可以约去，整个过程取决于前两项中的多子。

对于非平衡载流子来讲，最重要的是它的寿命。那么如何求出直接复合的寿命呢？

根据前面讲到的：净复合率 $U_d =$ 非平衡载流子的复合概率（P）×浓度（Δp），两式联立得出非平衡载流子寿命公式。如图 2.36 所示，（小注入下的寿命）多子浓度（n_0 或 p_0）≫ 非平衡载流子浓度 Δp，所以 Δp 可忽略，进一步分析，对于 N 型，简化为 $\frac{1}{rn_0}$；对于 P 型，可以发现都是多子在起主要作用。（大注入下的寿命）非平衡载流子浓度 $\Delta p \ll$ 多子浓度（n_0 或 p_0），所以（$n_0 + p_0$）可忽略，谁多谁重要，寿命简化为由 Δp 来决定。寿命的影响因素：①对于小注入情况：多子浓度远大于非平衡载流子浓度，多子起主要作用；②电子－空穴复合概率比例系数：无论小注入或大注入，寿命均与比例系数（电子－空穴复合概率）成反比；③对应于大注入条件：非平衡载流子浓度远大于多子浓度，寿命由非平衡载流子浓度起主导作用。小注入基本是一个常数，因为 Δp 比较小时，τ 不随 Δp 变化。当大注入条件下，τ 随非平衡载流子浓度 Δp 增加而减小。因此，N 型半导体和 P 型半导体都是多子在起主要作用。寿命取决于非平衡载流子浓度，所以可以看出谁多谁就重要，小注入情况取决于多子浓度，小注入时 Δp 在很小的范围，寿命基本为常数，由多子决定。

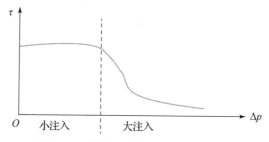

图 2.36 载流子寿命与注入情况关系

前面讲了直接复合的过程，先分析过程，有产生有复合，把公式解出来，然后利用平衡态条件尽量削减掉一个未知数。例如，刚才的直接复合过程的产生率为一个常数，可以应用到非平衡态，处理非平衡态载流子的寿命。那么间接复合过程呢？思路也是一样的。表 2.2 展示了一些常见材料的复合数据。

2.4.3 间接复合及载流子寿命

间接复合中载流子不能够直接从能带之间进行跳跃，而是要借助复合中心。假设复合中心的能级 E_t 位于这个位置，杂质或者缺陷都可以提供复合中心，如图 2.37 所示。

复合中心的几个过程：①导带电子跳跃到复合中心，对于复合中心来说是俘获电子。②复合中心的电子逃离复合中心，而重新激发到导带的过程，称为发射电子过程。③复合中心的电子不仅可以向上逃离，还可以跑到价带上，如果价带里面有空穴，二者就直接复合掉了，也就是说价带里面的空穴少一个。④空穴发射过程，其实是价带中的电子跳跃到复合中心形成电子－空穴对，就像是向价带发射了一个空穴。

表 2.2　一些半导体的室温直接辐射复合数据

材料	类型	$x/(\text{cm}^3/\text{s})$	τ/s
GaAs	直接	$(1.2\sim7.2)\times10^{-10}$	$(8.3\sim1.4)\times10^{-7}$
GaN	直接	1.1×10^{-8}	9.1×10^{-9}
InP	直接	$(0.05\sim1.26)\times10^{-9}$	$(16.7\sim0.79)\times10^{-7}$
InAs	直接	8.5×10^{-11}	1.18×10^{-6}
GaSb	直接	2.39×10^{-11}	4.2×10^{-6}
InSb	直接	4.5×10^{-11}	2.18×10^{-6}
CaTe	直接	10×10^{-9}	1.0×10^{-7}
Si	间接	$(1.8\sim3.0)\times10^{-15}$	$(5.56\sim13.3)\times10^{-2}$
Ge	间接	5.25×10^{-14}	1.9×10^{-3}
GaP	间接	$(0.3\sim5.27)\times10^{-14}$	$(33\sim1.9)\times10^{-3}$

①甲过程：电子俘获率 $=r_n n\left(N_t-n_t\right)$，导带电子浓度 n 乘以复合中心的有空位置（复合中心的体浓度 N_t－复合中心能级上面已经有的电子浓度 n_t）。电子俘获率定义为单位时间单位体积复合中心能级所俘获的电子数。

②乙过程：电子发射率 $=Sn_t$，单位时间单位体积复合中心向导带发射的电子数，和初态（也就是说这个能级首先要有电子），即电子占据浓度 n_t 成正比（图 2.38），也要和终态（导带的空位置）有关，考虑到半导体导带中电子很少，大部分都是空状态，只要有电子来就一定有位置，所以不要考虑终态，再加一个比例系数。

③对于丙和丁过程，同理，空穴也是一样。

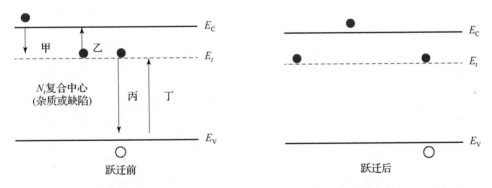

图 2.37　间接复合过程（跃迁前）　　　图 2.38　间接复合过程（跃迁后）

稳态时，复合中心上的载流子（电子）浓度不随时间发生变化。给复合中心提供电子的过程＝甲＋丁；使电子逃离复合中心的过程（给空穴过程）＝乙＋丙；提供电子数一旦和逃离电子数相等（甲＋丁＝乙＋丙），复合中心能级上的电子数就不变了。这就是稳态下需要满足的关系式，改写一下就是：甲－乙＝丙－丁。假设甲过程是从导带有 x 个电子给了复合中心，乙过程是复合中心又还回去 y 个电子，导带净损失了 $x-y$ 个电子，复合中心多了 $x-y$ 个电子。所以甲－乙是导带净损失电子的数量。丙对价带来讲是复合空穴的过程，因为每个电子跳下来就是复合空穴的过程，空穴减少一定数目。而丁过程是复合中心向价带发射空穴，丁过程使价带里面的空穴增多。丙－丁是价带空穴的净减少量。丙过程价带损失

了 x 个空穴，丁过程又还回来 y 个空穴。价带空穴的净减少量为 $x-y$ 个，即价带空穴的净损失率。

甲 – 乙 = 丙 – 丁，即导带每损失一个电子 = 价带减少一个空穴，电子和空穴一旦成对减少，就意味着净复合过程的发生。原来讲过直接复合是从导带到价带，现在不是了，而是通过一个中间过程，但是复合中心能级上的数量没有发生变化（导带损失 $x-y$ 个，价带损失 $x-y$ 个），所以复合中心只是起到复合的作用，它本身并不复合。所以稳态的时候定义了净复合率，也就是导带每损失一个电子，价带就损失一个空穴。净复合率定义为单位时间单位体积内净复合掉的电子 – 空穴对对数，损失一个电子就损失一个空穴。

下面来求解净复合率，平衡态时，首先，最想去掉几个常数。例如，电子激发概率和空穴激发概率都是常数，利用平衡态（导带电子和价带空穴不含时变化）来求解常数。平衡态时，甲 = 乙，丙 = 丁，因为正是非平衡态导致导带电子和价带空穴发生变化，现在平衡态不变化了，肯定是甲 = 乙，丙 = 丁。对于甲 = 乙，电子的俘获过程 = 电子的发射过程，如果求 s^-，只需把 n_t（杂质能级占有的电子浓度）除过去，n_t = 杂质能级上电子的占有概率 $\{1/[1+\exp(E_t-E_f)/kT]\}$ × 杂质能级的体密度 N_t；代入求得 s^- 与 n_1 有关，n_1 的大小等于平衡态时把费米能级 E_f 固定在复合中心上 E_t 所对应的导带电子浓度。同理，求得空穴的激发常数，p_1 的大小等于平衡态时把费米能级 E_f 固定在复合中心上 E_t 所对应的价带空穴浓度。所以用平衡态这个概念，我们就求得了两个常数 s^- 和 s^+。

甲 + 丁 = 乙 + 丙，稳态时，贡献电子过程 = 逃逸电子过程，将常数 s^- 和 s^+ 代入稳态条件，公式中只有 n_t 未知，得到 n_t 表达式，在 n_t 的公式中只有载流子浓度 n 和 p 未知。

净复合率 = 甲 – 乙，如果知道 n_t 就很容易写成一个公式。由此我们得到，间接复合条件下净复合率求解的关键是求解 n_t（因为 n_t 是复合中心引入的概念，n_t 是复合能级的载流子浓度，载流子浓度 n 和 p 是我们需要求解的），利用平衡态削减掉不独立的常数，于是得到净复合率。

有了净复合率之后，就可以求解非平衡态载流子的寿命，对于复合来讲，最重要的内容就是非平衡载流子寿命。

把公式中的 n 和 p 展开，$n=n_0+\Delta n$，$p=p_0+\Delta p$，于是就得到一大堆公式，很复杂。对于小注入情况，同时电子复合系数 rn 和空穴复合系数 rp 差别不大，可得到简单的式子。对这个简单的式子进行一下处理：假设情况 1，$\Delta n=\Delta p$，根据前面的定义，非平衡载流子的寿命 τ = 非平衡载流子的浓度 Δp/净复合率 U，进一步整理成最后一个公式，分别由空穴的寿命和电子的寿命加上比例系数构成，所以在 $\Delta n=\Delta p$ 情况下，非平衡载流子的寿命是由这样一组公式定义的，其中是 τn 和 τp 是常数。于是我们需要求解 n_0，p_0，n_1，p_1 四个常量来决定 τ 的值是多少。假设情况 2，$\Delta n \neq \Delta p$，对于 N 型，电子是多子，空穴是少子。少子有少子的寿命，$\tau_{少子}$ = 非平衡空穴浓度/净复合率。多子有多子的寿命，$\tau_{多子}$ = 非平衡电子浓度/净复合率 = 少子寿命前面乘以一个比例系数 $\Delta n/\Delta p$。P 型情况类似。

2.4.4 载流子寿命与费米能级的关系

刚才推导出的公式（情况 1：$\Delta n=\Delta p$）给我们带来什么信息？对于间接复合，非平衡载流子寿命给我们带来什么信息？刚才讲过 τ 的值主要取决于 n_0，p_0，n_1，p_1 四个常量。n_0 代表平衡态导带电子浓度，p_0 代表平衡态价带空穴浓度，n_1 代表平衡态当费米能级处于 E_t 这种位置情况下所对应的导带电子浓度，p_1 代表平衡态当费米能级处于 E_t 这种位置情况下所对应的价带空穴浓度。对于平衡态的电子浓度 $n_0 = N_C \exp\left[-\left(E_C - E_F\right)/kT\right]$，与 $E_C - E_F$ 的大小有关，两者距离越近，电子浓度越高。对于其他三个常量也有类似的关系。这四个浓度值的对比就变成了四个量所对应的能级之间相对的大小关系。其中 E_t 是固定的，费米能级 E_F 是可调的。

（1）对于强 N 型半导体，$E_C - E_F$ 给出的是 n_0 的大小，$E_F - E_V$ 给出的是 p_0 的大小，$E_C - E_t$ 给出的是 n_1 的大小，$E_t - E_V$ 给出的是 p_1 的大小。所以能量差值越小，浓度越大；谁的间距小，谁就重要。对于强 N 型半导体，n_0 最大，$n_0 > p_1 > n_1 > p_0$，公式中都除以 n_0，得到非平衡载流子寿命由空穴的复合寿命 τ_p 决定（与空穴复合系数有关），如图 2.39 所示。

$$\tau = \tau_p = \frac{1}{N_t r_p} \tag{2.1}$$

（2）对于强 P 型半导体，$E_C - E_F$ 给出的是 n_0 的大小，$E_F - E_V$ 给出的是 p_0 的大小，$E_C - E_t$ 给出的是 n_1 的大小，$E_t - E_V$ 给出的是 p_1 的大小。所以能量差值越小，浓度越大；谁的间距小，谁就重要。对于强 P 型半导体，n_0 最小，$n_0 < n_1 < p_1 < p_0$，公式中都除以 p_0，得到非平衡载流子寿命由电子的复合寿命 τ_n 决定（与电子复合系数有关），如图 2.40 所示。

$$\tau = \tau_n = \frac{1}{N_t r_n} \tag{2.2}$$

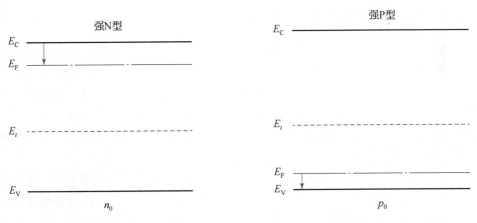

图 2.39 强 N 型半导体载流子寿命与费米能级的关系　　**图 2.40 强 P 型半导体载流子寿命与费米能级的关系**

本节最重要的是了解非平衡载流子的寿命是怎么求得的，包括寿命对不同导电类型及 E_t 能级的依赖。

上面讲了间接复合非平衡少子寿命与费米能级的关系，以及与复合中心能级之间的关系。强 N 型是和（少子）空穴的复合系数有关，强 P 型是和（少子）电子的复合系数有关。

2.4.5　载流子寿命与复合中心能级的关系

下面进一步讨论间接复合非平衡少子寿命与复合中心能级的关系。首先做一些简单的假设，抓住主要矛盾，忽略次要矛盾。

简单假设对于电子和空穴的发射概率都差不多，近似等于 $r_n = r_p = r$，代入式（2.3）中

$$\frac{N_t r_n r_p (np - n_i^2)}{r_n (n + n_1) + r_p (p + p_1)} = \frac{N_t r (np - n_i^2)}{(n + n_1) + (p + p_1)} \tag{2.3}$$

得到简化净复合率，这里有两个变量 n_1 和 p_1（它们的数值等于在平衡态时把费米能级放到 E_t 的位置对应的导带电子浓度），由于 E_t 固定，所以 n_1，p_1 相对来讲是个常量。

对于 $U = U(E_t)$ 的关系，将 n_1，p_1 进行换元，得到

$$E_C - E_t = E_C - E_i + E_i - E_t = n_i + (E_i - E_t) \tag{2.4}$$

进一步整理，可以写成

$$E_C - E_i = E_i - E_t \tag{2.5}$$

净复合率 $U = \dfrac{N_t r (np - n_i^2)}{(n + p) + 2n_i \mathrm{ch}\left(\dfrac{E_t - E_i}{kT}\right)}$ 是与双曲余弦函数有关的量，n_i 是常数，是与

$E_t - E_i$ 有关的量。

什么时候 U 有极大值？ch 取极小值，$x = 0$ 时，$E_t = E_i$，也就是当复合中心处于禁带中间时，净复合率 U 最大，$\tau = \Delta p / U = $ 非平衡少子的寿命很低，也就是复合效率非常高。

什么时候 U 有极小值？E_t 偏离禁带中线时，净复合率最小，$\tau = \Delta p / U = $ 非平衡少子的寿命很高，也就是复合效率非常低。

结论：要想有效地复合，复合中心必须是深能级，在禁带中线附近。

2.4.6　载流子寿命与温度的关系

n_0, p_0, n_1, p_1 这四个量谁大谁起主要作用。而决定这四个量的重要标志就是复合中心能级和费米能级及价带能级、导带能级之间的距离，哪个距离小，哪个起主要作用。

假设 N 型半导体，复合中心能级位于禁带中线以上一点。

前面讲过费米能级应该是由施主杂质能级和导带能级一半的位置开始的，随温度上升而上升，然后下降，直到接近本征费米能级。所以，在低温区，费米能级是高于复合中心能级的位置的，如图 2.41 所示。

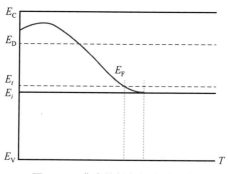

图 2.41　费米能级与温度的关系

在低温区，E_F 与导带底距离最近，对应的 n_0 浓度是四个量中最大的，寿命可以简化为由空穴复合系数决定。N_t 与温度无关，$r_p = $ 空穴的俘获截面乘以空穴的复合速度，这两者都是与温度有关的（与 $T^{-2.5}$ 有关）。代入得到 τ 正比于 T^m（$m = 1.5 \sim 3.5$）。所以寿命随温度上升而呈 T^m 上升。

在中温区，E_F 低于 E_t，E_t 到导带底的距离最小，n_1 是最大的，简化公式得到寿命与

n_1，r_p，n_0 有关，r_p 与温度的 m 次方有关，杂质全部电离，所以导带电子浓度由杂质决定，N_D 为常数。所以寿命正比于 $T^m \exp(-1/T)$，e 指数显然上升得更快，所以寿命随温度增加而增加，且增速比低温区要快。

在高温区，与中温区一样，仍然有 $E_F < E_t$，但是 $E_F = E_i$。平衡态的导带电子浓度 n_0 变了，中温区主要由杂质电离浓度决定，但是到了高温区就由本征浓度来决定。把 n_1 用 n_i 来表示，约掉 n_i，就变成寿命正比于 $T^m \exp(1/T)$，e 指数显然下降得更快，所以寿命随温度增加而降低，如图 2.42 所示。

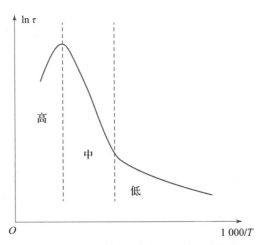

图 2.42　非平衡载流子寿命与温度的关系

刚才在讲 rp 的时候引入了俘获截面的概念，那么什么是俘获截面呢？俘获截面是一个描述概率的概念。以复合中心作为球心，画一个球体，认为这个球体就是一个黑洞，任何载流子经过就被俘获，载流子经过就消失（图 2.43）。俘获截面就是球心到半径的一个最大面积。那么，单位时间内某个复合中心俘获电子的数目

$$n \times r_n = \sigma_- \times \overline{v_T} \times n \tag{2.6}$$

$$r_n = \sigma_- \times \overline{v_T} \tag{2.7}$$

$$r_p = \sigma_- \times \overline{v_T} \tag{2.8}$$

其中，r_n 和 r_p 均可用 σ_- 和 σ_+ 来替换。

前面讲过电子俘获率 = 电子复合率 $r_n \times$ 导带电子浓度 $n \times$ 复合中心空的位置 $(N_t - n_t)$。现在只考虑一个复合中心，所以复合中心空位置为 1，公式就简化了。那么单位时间内有多少个载流子经过球体呢？假设载流子以速度 v_t 经过，那么单位时间走过的距离就是 v_t，载流子浓度为 n，这是个圆柱体所以还要乘以面积。从单位的量纲上也可以看出俘获截面的单位正好是 cm^2。一般来讲，电子和空穴

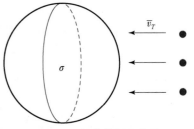

图 2.43　俘获截面示意图

的复合系数都可以用俘获截面来替换。复合截面非常小，和原子的大小是差不多的。

前面讲的直接复合和间接复合都是讲单位时间单位体积，所以都是体内复合。表面复合是在单位面积上。之所以讲表面，是因为表面复合也是一种间接复合过程。由于表面原子周

期性遭到破坏，这种周期性的破坏就会在禁带中引入一些能级，这些能级我们称之为表面态。通常情况下，表面态都是深能级，都是有效的复合中心。

实际发现，如果半导体表面经过吹砂处理或者金刚砂粗磨，则载流子寿命较短；如果样品经过细磨或者适当化学处理，则载流子寿命较长。同时，对于同样的表面情况，样品越小，寿命越短。以上都说明半导体的表面情况对非平衡载流子的复合有一定的影响，即存在表面复合作用，如图 2.44 所示。

表面处的杂质和缺陷都会在表面处的禁带中形成复合中心能级，所以表面复合也可以用间接复合理论来处理。要注意表面复合率（单位时间单位面积复合电子–空穴对数）与体复合率的区别。实验表明，表面复合率是正比于表面处的非平衡载流子浓度的。由量纲可以推出前面的系数 s_p 的单位是 cm/s，是一个速度的概念，称之为表面复合速度。那么表面复合速度应该等于多少呢？可以这样来求解。对于 N 型半导体，少子指的是空穴，那么表面复合率一定正比于空穴复合系数（r_p 用俘获截面和运动速度来表示）。表面复合速度也和复合中心面密度有关，还与此处的

图 2.44　表面复合示意图

非平衡载流子浓度有关。这样就得到了表面复合速度的表达式：表面复合速度 = 空穴复合系数 × 表面复合中心的面密度。可以看出，表面复合率就好比表面处的非平衡载流子浓度以 s_p 的速度流出表面。所以表面复合速度还是很有意义的一个概念。

同时存在表面复合和体内复合时，非平衡载流子总的复合概率如图 2.45 所示。

$$\frac{1}{\tau} = \frac{1}{\tau_v} + \frac{1}{\tau_s}$$

有效寿命　体内复合寿命　表面复合寿命

图 2.45　复合概率表达式

前面讲的复合理论主要将复合分为三步。第一步：分析过程，就是知道这个过程中对应的产生过程和复合过程各是什么，并写出其表达式，表达式势必会引入许多常数或者比例系数。第二步：通过平衡态的概念，引出产生率 = 复合率，可以消掉一些不独立的常数，简化公式。第三步：分析这些过程中哪些过程可以构成净复合率的表达式，有了这个表达式就可以应用上述常数，自然而然地就可以根据寿命 τ = 非平衡载流子浓度 Δp/净复合率 U 得到非平衡少子的寿命。而非平衡少子的寿命是最重要的一个概念。

参考文献

［1］王国彪. 光制造科学与技术的现状和展望［J］. 机械工程学报，2011，47（21）：157 – 169.

［2］王国彪. 纳米制造前沿综述［M］. 北京：科学出版社，2009.

［3］DU D, LIU X, KORN G, et al. Laser – induced breakdown by impact ionization in SiO₂ with pulse widths from 7 ns to 150 fs［J］. Applied Physics Letters, 1994, 64（23）：3071 – 3073.

［4］PRONKO P P, DUTTA S K, SQUIER J, et al. Machining of sub – micron holes using a femtosecond laser at 800 nm ［J］. Optics Communications, 1995, 114 (1): 106 – 110.

［5］ CHICHKOV B N, MOMMA C, NOLTE S, et al. Femtosecond, picosecond and nanosecond laser ablation of solids ［J］. Applied Physics A, 1996, 63 (2): 109 – 115.

［6］ SUGIOKA K, CHENG Y. Ultrafast lasers—reliable tools for advanced materials processing ［J］. Light: Science & Applications, 2014, 3 (4): e149.

［7］ TAN D, LI Y, QI F, et al. Reduction in feature size of two – photon polymerization using SCR500 ［J］. Applied Physics Letters, 2007, 90 (7): 071106.

［8］ KAWATA S, SUN H B, TANAKA T, et al. Finer features for functional microdevices ［J］. Nature, 2001, 412 (6848): 697 – 698.

［9］ LIAO Y, SONG J, LI E, et al. Rapid prototyping of three – dimensional microfluidic mixers in glass by femtosecond laser direct writing ［J］. Lab on a Chip, 2012, 12 (4): 746 – 749.

［10］ LI B, JIANG L, LI X, et al. Preparation of monolayer MoS_2 quantum dots using temporally shaped femtosecond laser ablation of bulk MoS_2 targets in water ［J］. Scientific Reports, 2017, 7 (1): 11182.

［11］ ZYWIETZ U, EVLYUKHIN A B, REINHARDT C, et al. Laser printing of silicon nanoparticles with resonant optical electric and magnetic responses ［J］. Nature Communications, 2014, 5 (1): 3402.

［12］ HAN W, JIANG L, LI X, et al. Controllable plasmonic nanostructures induced by dual – wavelength femtosecond laser irradiation ［J］. Scientific Reports, 2017, 7 (1): 1 – 11.

［13］ JOGLEKAR A P, LIU H H, MEYHOFER E, et al. Optics at critical intensity: applications to nanomorphing ［J］. Proceedings of the National Academy of Sciences of the United States of America, 2004, 101 (16): 5856 – 5861.

［14］ BRODOCEANU D, LANDSTRÖM L, BÄUERLE D. Laser – induced nanopatterning of silicon with colloidal monolayers ［J］. Applied Physics A, 2006, 86 (3): 313 – 314.

［15］ SON Y, YEO J, MOON H, et al. Nanoscale electronics: digital fabrication by direct femtosecond laser processing of metal nanoparticles ［J］. Advanced Materials, 2011, 23 (28): 3176 – 3181.

［16］ WANG A, JIANG L, LI X, et al. Mask – Free Patterning of High – Conductivity Metal Nanowires in Open Air by Spatially Modulated Femtosecond Laser Pulses ［J］. Advanced Materials, 2015, 27 (40): 6238 – 6243.

［17］ ZHAO Y Y, ZHENG M L, DONG X Z, et al. Tailored silver grid as transparent electrodes directly written by femtosecond laser ［J］. Applied Physics Letters, 2016, 108 (22): 221104.

［18］ WHITE Y V, LI X, SIKORSKI Z, et al. Single – pulse ultrafast – laser machining of high aspect nano – holes at the surface of SiO_2 ［J］. Optics Express, 2008, 16 (9): 14411 – 14420.

［19］ XIE Q, LI X, JIANG L, et al. High – aspect – ratio, high – quality microdrilling by electron density control using a femtosecond laser Bessel beam ［J］. Applied Physics A, 2016, 122 (2): 1 – 8.

［20］ CRAWFORD T H R, BOROWIEC A, HAUGEN H K. Femtosecond laser micromachining of grooves in silicon with 800 nm pulses ［J］. Applied Physics A, 2004, 80 (8): 1717 – 1724.

［21］ BHUYAN M K, COURVOISIER F, LACOURT P A, et al. High aspect ratio nanochannel machining using single shot femtosecond Bessel beams ［J］. Applied Physics Letters, 2010, 97 (8): 081102.

［22］ YAN X, JIANG L, LI X, et al. Polarization – independent etching of fused silica based on electrons dynamics control by shaped femtosecond pulse trains for microchannel fabrication ［J］. Optics Letters, 2014, 39 (17): 5240 – 5243.

［23］ NAKATA Y, HIROMOTO T, MIYANAGA N. Mesoscopic nanomaterials generated by interfering femtosecond laser processing ［J］. Applied Physics A, 2010, 101 (3): 471 – 474.

［24］ ÖKTEM B, PAVLOV I, ILDAY S, et al. Nonlinear laser lithography for indefinitely large – area nanostructuring with femtosecond pulses ［J］. Nature Photonics, 2013, 7 (11): 897 – 901.

［25］ WU D, WANG J N, NIU L G, et al. Bioinspired Fabrication of High – Quality 3D Artificial Compound Eyes by Voxel – Modulation Femtosecond Laser Writing for Distortion – Free Wide – Field – of – View Imaging ［J］. Advanced Optical Materials, 2014, 2 (8): 751 – 758.

［26］ FAN P, BAI B, ZHONG M, et al. General Strategy toward Dual – Scale – Controlled Metallic Micro – Nano Hybrid Structures with Ultralow Reflectance ［J］. ACS Nano, 2017, 11 (7): 7401 – 7408.

［27］ JIANG L, LI L, WANG S, et al. Microscopic energy transport through photon – electron – phonon interactions during ultrashort laser ablation of wide bandgap materials Part I: photon absorption ［J］. Chinese Journal of Lasers, 2009, 36 (4): 779 – 789.

［28］ JIANG L, LI L, WANG S, TSAI H. Microscopic energy transport through photon – electron – phonon interactions during ultrashort laser ablation of wide bandgap materials Part II: phase change ［J］. Chinese Journal of Lasers, 2009, 36 (5): 1029 – 1036.

［29］ AMS M, MARSHALL G D, DEKKER P, et al. Investigation of ultrafast laser – photonic material interactions: challenges for directly written glass photonics ［J］. IEEE Journal of Selected Topics in Quantum Electronics, 2008, 14 (5): 1370 – 1381.

［30］ MINGAREEV I. Ultrafast dynamics of melting and ablation at large laser intensities ［M］. Goettingen: Cuvillier Verlag, 2009.

［31］ STOIAN R, ROSENFELD A, ASHKENASI D, et al. Surface charging and impulsive ion ejection during ultrashort pulsed laser ablation ［J］. Physical Review Letters, 2002, 88 (9): 097603.

［32］ VAREL H, WäHMER M, ROSENFELD A, et al. Femtosecond laser ablation of sapphire: time – of – flight analysis of ablation plume ［J］. Applied Surface Science, 1998, 127: 128 – 133.

［33］ ZHAO X, SHIN Y C. Coulomb explosion and early plasma generation during femtosecond laser ablation of silicon at high laser fluence ［J］. Journal of Physics D: Applied Physics,

2013, 46 (33): 335501.

[34] WU C, ZHIGILEI L V. Microscopic mechanisms of laser spallation and ablation of metal targets from large – scale molecular dynamics simulations [J]. Applied Physics A, 2014, 114 (1): 11 –32.

[35] SHANK C V, YEN R, HIRLIMANN C. Time – resolved reflectivity measurements of femtosecond – optical – pulse – induced phase transitions in silicon [J]. Physical Review Letters, 1983, 50 (6): 454.

[36] LOWNDES D H, JELLISON JR G E. Time – resolved measurements during pulsed laser irradiation of silicon [J]. Semiconductors and semimetals. 1984, 23: 313 –404.

[37] SIEGAL Y, GLEZER E N, MAZUR E. Dielectric constant of GaAs during a subpicosecond laser – induced phase transition [J]. Physical Review B, 1994, 49 (23): 16403.

[38] SIEGAL Y, GLEZER E N, HUANG L, et al. Laser – induced phase transitions in semiconductors [J]. Annual Review of Materials Science, 1995, 25 (1): 223 –247.

[39] BIEGELSEN D, ROZGONYI G, SHANK C. Materials Research Society Symposia Proceedings. Volume 35. Energy Beam – Solid Interactions and Transient Thermal Processing, Massachusetts, November, 26 –30, 1984 [C]. [s. n.]:[s. n.], 1985.

[40] DOWNER M C, SHANK C V. Ultrafast heating of silicon on sapphire by femtosecond optical pulses [J]. Physical Review Letters, 1986, 56 (7): 761.

[41] MALVEZZI A M. Interaction Of Picosecond Laser Pulses With Solid Surfaces [C] // Ultrafast Laser Probe Phenomena in Bulk and Microstructure Semiconductors. SPIE, 1987, 793: 49 –57.

[42] PRESTON J S, Van Driel H M, Sipe J E. Order – disorder transitions in the melt morphology of laser – irradiated silicon [J]. Physical Review letters, 1987, 58 (1): 69.

[43] SAETA P, WANG J K, SIEGAL Y, et al. Ultrafast electronic disordering during femtosecond laser melting of GaAs [J]. Physical Review Letters, 1991, 67 (8): 1023.

[44] VAN VECHTEN J A, TSU R, SARIS F W, et al. Reasons to believe pulsed laser annealing of Si does not involve simple thermal melting [J]. Physics Letters A, 1979, 74 (6): 417 – 421.

[45] VAN VECHTEN J A, TSU R, SARIS F W. Nonthermal pulsed laser annealing of Si; plasma annealing [J]. Physics Letters A, 1979, 74 (6): 422 –426.

[46] LEVENSON M D, Shen Y R. Book Reviews: Resonances. A Volume in Honor of the 70th Birthday of Nicolaas Bloembergen [J]. Science, 1991, 254 (5035): 1236 –1236.

[47] SIEGAL Y, GLEZER E N, MAZUR E. Dielectric constant of GaAs during a subpicosecond laser – induced phase transition [J]. Physical Review B, 1994, 49 (23): 16403.

[48] GLEZER E N, SIEGAL Y, HUANG L, et al. Laser – induced band – gap collapse in GaAs [J]. Physical Review B, 1995, 51 (11): 6959 –6970.

[49] GLEZER E N, HUANG L, SIEGAL Y, et al. Phase transitions induced by femtosecond pulses [J]. MRS Online Proceedings Library (OPL), 1995, 397: 3.

[50] GLEZER E N, MILOSAVLJEVIC M, HUANG L, et al. Three – dimensional optical storage

inside transparent materials [J]. Optics Letters, 1996, 21 (24): 2023 – 2025.

[51] HUANG L, CALLAN J P, GLEZER E N, et al. GaAs under intense ultrafast excitation: response of the dielectric function [J]. Physical Review Letters, 1998, 80 (1): 185 – 188.

[52] CALLAN J P, KIM A M T, HUANG L, et al. Ultrafast electron and lattice dynamics in semiconductors at high excited carrier densities [J]. Chemical Physics, 2000, 251 (1 – 3): 167 – 179.

[53] CALLAN J P, KIM A M T, ROESER C A D, et al. Universal dynamics during and after ultrafast laser – induced semiconductor – to – metal transitions [J]. Physical Review B, 2001, 64 (7): 073201.

[54] AXENTE E, NOёL S, HERMANN J, et al. Subpicosecond laser ablation of copper and fused silica: Initiation threshold and plasma expansion [J]. Applied Surface Science, 2009, 255 (24): 9734 – 9737.

[55] HU H, WANG X, ZHAI H, et al. Generation of multiple stress waves in silica glass in high fluence femtosecond laser ablation [J]. Applied Physics Letters, 2010, 97 (6): 061117 (1 – 3).

[56] WU H, WU C, ZHANG N, et al. Experimental and computational study of the effect of 1 atm background gas on nanoparticle generation in femtosecond laser ablation of metals [J]. Applied Surface Science, 2018, 435: 1114 – 1119.

[57] TEGHIL R, DE BONIS A, GALASSO A, et al. Femtosecond pulsed laser ablation deposition of tantalum carbide [J]. Applied Surface Science, 2007, 254 (4): 1220 – 1223.

[58] MARGETIC V, PAKULEV A, STOCKHAUS A, et al. A comparison of nanosecond and femtosecond laser – induced plasma spectroscopy of brass samples [J]. Spectrochimica Acta part B: Atomic Spectroscopy, 2000, 55 (11): 1771 – 1785.

[59] AHAMER C M, RIEPL K M, HUBER N, et al. Femtosecond laser – induced breakdown spectroscopy: Elemental imaging of thin films with high spatial resolution [J]. Spectrochimica Acta Part B: Atomic Spectroscopy, 2017, 136: 56 – 65.

[60] ZHANG N, ZHAO Y B, ZHU X N. Light propulsion of microbeads with femtosecond laser pulses [J]. Optics Express, 2004, 12 (15): 3590 – 3598.

[61] YU H, LI H, WANG Y, et al. Brief review on pulse laser propulsion [J]. Optics & Laser Technology, 2018, 100: 57 – 74.

[62] BALLING P, SCHOU J. Femtosecond – laser ablation dynamics of dielectrics: basics and applications for thin films [J]. Reports on Progress in Physics, 2013, 76 (3): 036502.

[64] SANZ M, CASTILLEJO M, AMORUSO S, et al. Ultra – fast laser ablation and deposition of TiO_2 [J]. Applied Physics A, 2010, 101: 639 – 644.

第 3 章
超快动力学过程光学探测

3.1　泵浦探测技术

鉴于超快动力学的重要研究意义，国内外科学家从实验、理论和观测角度对其演化过程进行了大量的研究。本章主要介绍时间分辨观测领域的研究进展。针对飞秒激光诱导超快动力学的不同过程，目前已发展了泵浦探测技术（Pump and Probe）[1,2]、时间分辨等离子体图像[3]、激光诱导击穿光谱[4,5]、飞行时间质谱仪[6,7]、Langmiur 探针[8,9]等多种不同时间分辨和信息采集的观测系统。由于不同观测系统所采集的信号差异、时间分辨率差异和时间跨度差异等，每种观测方法都有其优势和缺点。需要说明的是，在这些观测系统中，激光诱导击穿光谱既是激光诱导等离子体的重要应用之一，也是研究其演化规律的主要工具之一。下面将重点介绍与本书相关的探测技术及其研究进展。

3.1.1　泵浦探测技术简介

泵浦探测技术的基本思想是利用两束延时被精心设计的脉冲激光研究瞬态演化过程，其中一束作为泵浦光用于激发材料瞬态过程，另一束作为探测激光，在经过一定延时后对激发区域进行观测。收集并分析一系列不同延时下携带材料瞬态信息的探测光信号，就可以获得所研究超快过程的完整动态演化规律。随着皮秒、飞秒和阿秒激光技术的快速发展，泵浦探测技术以其空前的时间分辨率得到了广泛关注，并在物理[10,11]、化学[12,13]和材料[14,15]等领域得到了广泛应用，成为研究微观世界超快过程的重要工具。1999 年，Zewail教授[16]因其在利用飞秒激光研究化学反应动力学方面取得的成就获得了该年度的诺贝尔化学奖。

将泵浦探测技术用于研究飞秒激光烧蚀材料瞬态过程，借助于电荷耦合元件（Charge-Coupled Device，CCD）和光电二极管等信号接收装置，通过不同的信号采集方式可获得不同探测延时下探测光的光强和相位变化，进而分析激光作用后材料瞬态性质的超快演化过程。一般采用的光学平移台延迟可获得飞秒-皮秒-纳秒时间尺度上材料瞬态性质的超快变化图像，如果进一步借助于辅助延时方法（如光纤导光[17]、Herriott 池激光多次反射[18]和双激光器[19]等），则可获得更大的探测延时。基于材料瞬态性质超快演化图像，可分析飞秒激光诱导等离子体不同阶段的作用机理和演化规律，包括等离子体激发、等离子体喷发及冲击波传播过程。

1. 等离子体激发

等离子体激发在这里指光子 – 电子相互作用产生自由电子的过程，深入理解该过程对揭示飞秒激光烧蚀机理与等离子体演化规律至关重要。

（1）基于泵浦探测技术可实现飞秒激光与材料相互作用的理论模型中关键物理参数的测定。例如，1994 年，Audebert 等[20]通过频域干涉法测量得到熔融石英的自由电子寿命为 150 fs。2005 年，Sun 等[21]运用干涉泵浦探测系统分析了飞秒激光烧蚀熔融石英中探测光的强度与相位的演化规律 [图 3.1 （a）和（b）]，对飞秒激光诱导下的自由电子基本参数进行了测定，测得电子碰撞时间为 1.7 fs（对应的电子密度约 5×10^{19} cm^{-3}），自由电子等离子体寿命为 170 fs，如图 3.1 （c）所示。2016 年，Velpula 等[22]通过双波长泵浦探测，根据不同探测光的透射率求解得到熔融石英的电子碰撞时间接近 0.2 fs。由实验测得的自由电子等离子体寿命，可以直接修正理论模型的参数，同时揭示了等离子体弛豫过程的机理，对更加深入准确地解释和预测飞秒激光加工结果具有重要意义。而通过电子碰撞时间的直接测量，可以更准确地判断材料瞬时的光学性质，对分析和预测激光能量与材料耦合过程至关重要。

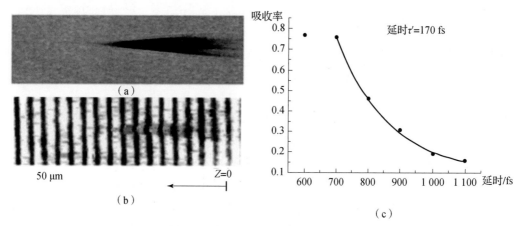

图 3.1　飞秒激光诱导熔融石英等离子体的瞬态演化图像[21]

（a）400 fs 探测延时的透射阴影图像；（b）400 fs 探测延时的干涉图像；

（c）自由电子等离子体吸收率随探测延时的演化规律

（2）通过泵浦探测显微系统可对激光诱导材料表面和内部的时空瞬态性质演化进行系统研究，发现飞秒激光在材料中的传播规律[23-26]；进一步通过 Drude 模型可研究激光诱导自由电子密度的时空演化规律[23,27-29]。例如，2003 年，Mao 等[23]运用泵浦探测阴影图像研究了激光在熔融石英内部激发材料电离和非线性传播规律，揭示了激光在透明材料中传播的自聚焦效应和光丝分裂现象。2016 年，Yu 等[25]运用泵浦探测阴影图像研究了聚焦飞秒激光在空气中传播过程中的自聚焦和等离子体散焦效应及其对入射激光光场的整形效果。由此可见，在空气中加工材料时，空气电离是一个不可忽视的重要因素。2014 年，Grojo 等[30]基于泵浦探测透射阴影图像研究了红外激光在单晶硅内部诱导的等离子体局限现象 [图 3.2 （a）和（b）]，诱导产生的最大等离子体密度为 3.1×10^{19} cm^{-3}，不足以产生永久性材料改性。在此基础上，作者进一步通过泵浦探测研究了不同聚焦条件下的能量沉积过程[31]，认为在传统的聚焦方式下，最大 NA 值的透镜也无法克服预聚焦区域的强非线性和等离子体效应从而实现单晶硅内部改性，并在此基础上提出一种固体浸润的聚焦方法［图 3.2（c）］，在 NA 值达到 3 左右时在硅内部产生可重复性、可控的改性结构［图 3.2（d）和（e）］。可见，通过泵浦探测分析等离子体的激发规律，可以指导材料加工参数优化，最终实现材料的可控加工。

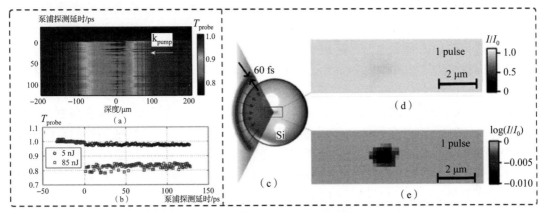

图 3.2　泵浦探测透射阴影图像

（a）飞秒激光诱导硅内部等离子体的透射率的时空演化规律[30]；（b）等离子体中心的透射率随时间的演化[30]；

（c）固体浸润的聚焦示意图[31]；（d），（e）硅内部改性结果的光学表征[31]

（3）通过泵浦探测技术得到的材料瞬态性质和电子密度演化规律可解释材料非线性电离机制。2006 年，Jia 等[32]通过脉宽小于 60 fs 的探测光研究 600 fs 泵浦光辐照熔融石英和氟化钙时的表面反射率演化规律时发现，飞秒激光辐照期间，材料表面反射率在泵浦光后半部迅速上升，如图 3.3 所示；这种上升趋势表明碰撞电离在电子激发过程中起着重要作用。而在 2014 年，Mouskeftaras 等[33]通过干涉式泵浦探测研究了双脉冲辐照材料过程中第二个脉冲对探测光相移的影响，表明电子激发的主要机理是多光子电离，雪崩电离的重要性则依赖于材料属性。

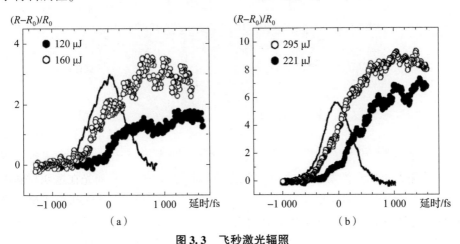

图 3.3　飞秒激光辐照

（a）熔融石英；（b）氟化钙材料表面反射率的演化规律[32]

2. 等离子体喷发和冲击波传播

等离子体喷发及其诱导的冲击波传播是飞秒激光诱导等离子体演化规律两个重要方面，深入理解其演化规律对于揭示激光加工机理及其应用均有重要意义，这也是本书的主要研究内容之一。基于泵浦探测技术，国内外研究者对飞秒激光诱导等离子体喷发和冲击波传播进行了广泛、深入的研究，主要体现在以下几个方面。

（1）基于透射阴影图像演化规律分析材料烧蚀机理。2007 年，Zhang 等[34]首次研究了飞秒激光烧蚀金属铝材料喷发过程，如图 3.4 所示；分析了相爆炸机理导致的环形结构阴影图像，揭示了热弹力波诱导的材料烧蚀过程中的多次喷发，分析不同材料（金属、半导体和电介质）的喷发过程差异，探讨了飞秒激光加工过程中的热烧蚀和非热烧蚀机理。此外，Hu 等[35]在研究中发现了飞秒激光诱导石英玻璃内部多次应力波传播规律，并分析了不同应力波的产生机理，可为研究非透明材料内部冲击波/应力波提供参考。2015年，Kalupka[1]等通过泵浦探测技术和时间分辨等离子体成像系统研究了材料反射率变化、等离子体/材料喷发和冲击波演化等规律，研究了石墨的非热烧蚀现象，并发现了飞秒激光非热烧蚀石墨过程中的热烧蚀成分。2017 年，Wang 等[36]通过泵浦探测阴影图像对比了飞秒激光高斯光束和贝塞尔光束在熔融石英和 PMMA 内部诱导冲击波/应力波的传播特性，揭示了贝塞尔高深径比微孔加工的冲击波挤压成型机理。

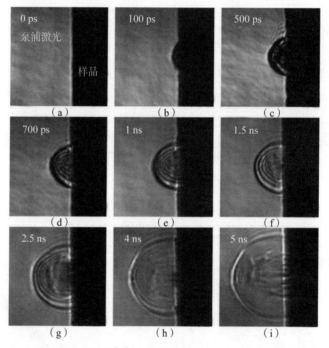

图 3.4　飞秒激光加工铝的动态演化过程[34]（激光通量为 40 J/cm²，图片尺寸为 170 μm × 170 μm）

（2）分析不同实验参数对等离子体和冲击波传播的影响。在飞秒激光加工过程中，激光参数（能量、波长、脉宽、时空整形等）、材料性质及加工环境均会对等离子体和冲击波的喷发特性产生重要影响。例如，随着脉冲能量的增加，由于等离子体能量沉积的增加，等离子体和冲击波的喷发距离和喷发动态将明显改变[37]。同时，激光能量的不同还会改变冲击波/应力波的形貌，Potemkin 等[38]在研究飞秒激光诱导水冲击波时发现，随着激光能量的增加，水中冲击波由球状冲击波转变为柱面冲击波。此外，如果将高斯光束空间整形为其他光束，冲击波形貌也会发生改变，如之前描述的贝塞尔光束诱导的 PMMA 内部柱面冲击波[26,36]，环形光束诱导产生的向内聚焦/向外发散的冲击波[39]。由于等离子体喷发和冲击波传播均会发生与周围环境的相互作用，不同加工环境将对其传播特性产生重要影响。2011 年，Wu 等[40] 通过泵浦探测阴影图像研究表明同心圆环阴影图像、材料喷发、冲击波与接触前沿出现均受到大气压强的影响。Hu 等[41] 发现当材料在水环境中加工时，材料的喷发和冲击波的衰减将被明显抑制，如图 3.5 所示；且在水环境中形成的冲击波在传播过程中会出现 Mach 区。

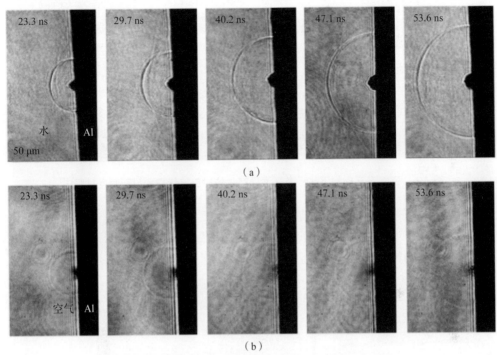

图 3.5　飞秒激光在水和空气中加工超快过程的对比[41]
（a）水；（b）空气

除了实验预设的加工环境之外，在飞秒激光作用过程中，除激光与材料相互作用外，激光与周围环境还会发生相互作用，影响环境的均匀性，从而影响等离子体和冲击波的传播过程。如高通量飞秒激光会诱导产生空气击穿形成等离子体通道，该等离子体通道将影响冲击波传播规律[42,43]，并会影响材料烧蚀机制的判定。2015 年，Zhang 等[44] 采用泵浦探测阴影图像系统研究了飞秒激光诱导空气击穿对加工过程的影响，如图 3.6 所示。根据瞬态阴影图像，作者明确了激光诱导空气电离对早期等离子体膨胀、等离子体和冲击波喷发速度、喷发维度及材料各向异性喷发的影响规律，这对理解飞秒激光在空气中加工材料的动态演化过程至关重要。

综上可以看到，通过飞秒激光泵浦探测技术可实现飞秒 – 皮秒 – 纳秒时间尺度的材料加工超快过程的研究，通过材料瞬态性质的演化，分析等离子体激发、等离子体喷发与辐射和冲击波演化过程，可研究不同激光参数、材料性质和加工环境对材料加工的影响规律，揭示飞秒激光加工的内在机理。另外，光学式泵浦探测技术也存在很多探测局限，如不易获得纳秒尺度等离子体本征属性，如等离子体成分/种类和等离子体温度等。

根据探测系统收集信号的差异，基于光学的飞秒激光泵浦探测可分为反射式泵浦探测、透射式泵浦探测、干涉/全息泵浦探测、透射阴影式泵浦探测等系统。由于探测信号的差异，不同探测系统所能研究的物理过程和基本参数也会有所不同。本书根据实验需要搭建了飞秒

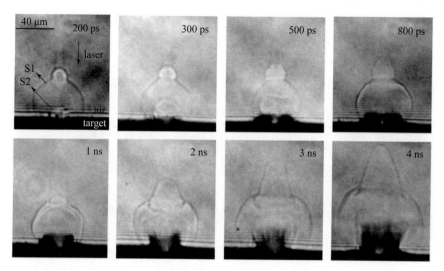

图 3.6　空气击穿条件下飞秒激光诱导产生的冲击波传播和材料喷发过程[44]

激光透射阴影式泵浦探测系统，其能够在飞秒时间尺度上实现对激光在透明材料内部传播规律的观测，同时也能在皮秒 – 纳秒时间尺度上对等离子体和冲击波的形成与传播进行系统的研究，实验光路示意图如图 3.7 所示。

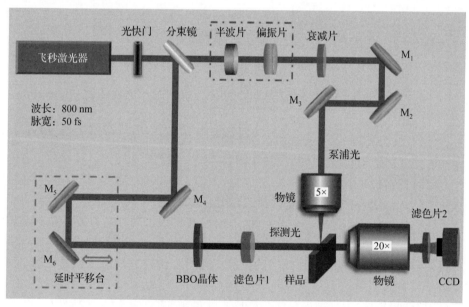

图 3.7　透射阴影式泵浦探测光路示意图，其中 M 表示超快反射镜

　　泵浦探测实验系统所用的飞秒激光器为美国光谱物理公司（Spectra Physics）的钛：蓝宝石（Ti：Sapphire）激光器，其中心波长为 800 nm，单脉冲最大能量为 3.5 mJ，通过自相关仪测得其脉宽为 50 fs。激光器的工作模式有三种：Single shot、Continuous 和 Gated。在泵浦探测实验过程中，将激光器工作模式选为 Gated 模式，CCD 设置为外触发模式，通过外部时序发生器分别触发 CCD 开启曝光和激光器输出激光。CCD 和激光器的触发信号有一定延时，以保证探测光到达时 CCD 已开始曝光。激光器经 Gated 模式输出的飞秒激光通过超快分束镜后被分为泵浦光和探测光。泵浦光通过一定能量衰减后被透镜聚焦到材料表面或材料内部（针对透明材料）对材料进行加工。泵浦激光能量可通过半波片和偏振片组合与衰减片协同调节，样品固定在三维直线电机平移台上。探测光经过延时平移台调节泵浦探测延时后进入 BBO 晶体（偏硼酸钡晶体），通过倍频得到 800 nm 和 400 nm 的混合激光。利用短波通滤色片 1（截止波长 650 nm）滤掉 800 nm 激光，得到 400 nm 探测激光并将其辐照到泵浦激光与材料作用区域，其入射方向垂直于入射泵浦激光传播方向。随后，泵浦光作用区域的超快瞬态过程将随着探测光被 20 倍物镜成像并投影到 CCD 上。为避免加工过程中泵浦光的散射光和等离子体发光等噪声信号进入 CCD 干扰探测信号，在 CCD 之前放置了 400 nm ± 10 nm 的带通滤色片 2。针对飞秒激光泵浦探测系统，有几个关键技术点需要进一步说明：

（1）泵浦探测时间零点确定。泵浦探测时间零点确定对于理解飞秒激光超快过程的特征时间十分重要。由于泵浦光和探测光的相对位置和聚焦状态的差异，要想精确直接测量泵浦探测时间零点是比较困难的。在实验中，我们采用一种常用的间接测量方式，即通过探测飞秒激光激发材料产生的透射率变化图像调节延时零点。以空气为例，根据飞秒激光与材料的相互作用机理，飞秒激光激发空气电离产生自由电子的过程几乎是瞬时的。自由电子的产生能够改变材料的光学性质，影响探测光光强，从而使这个瞬态过程被记录下来。随着探测延时的增加，空气电离前沿逐步延伸，从侧面反映了聚焦泵浦光的传播规律。因此，改变探测延时，当探测空气等离子体前沿到达设定的位置时，就可以认为泵浦光和探测光同时到达该点（设为延时零点），如图 3.8 所示。

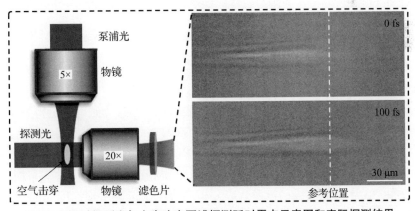

图 3.8　通过探测空气击穿确定泵浦探测延时零点示意图和实际探测结果

（2）泵浦探测时间和空间分辨率。基于泵浦探测实验系统设计，其探测的时间分辨率主要由延时平移台的移动精度和飞秒激光脉冲持续时间确定。本实验采用的平移台位移精度为 4 μm（必要时可以采用精度更高的直线电机），对应的探测延时为 26.7 fs，小于激光脉冲持续时间（50 fs）。因此，我们认为该探测系统的时间分辨率主要由飞秒激光自身决定，采用 4 μm 精度的平移台能够满足实验需求。光学系统的分辨率主要取决于成像系统物镜和照明光源波长，约为 540 nm。

（3）大延时光路构造。基于电动平移台可以比较容易地实现几纳秒时间尺度上的探测延时。但如果要想实现十几纳秒甚至几十纳秒时间尺度的探测延时，所需要的平移台行程则比较大。针对这种问题，可以采用多次反射增加光程差，如图 3.9 所示。通过反射银镜 M_1 将探测光引入反射银镜 M_2 和 M_3 之间进行多次反射，反射次数通过激光入射角度进行调节，多次反射后的探测光经由反射银镜 M_4 反射后重新进入原光路。在实验过程中，通过改变反射次数和 M_2 与 M_3 反射银镜间距可以在小范围内实现较大的探测延时。

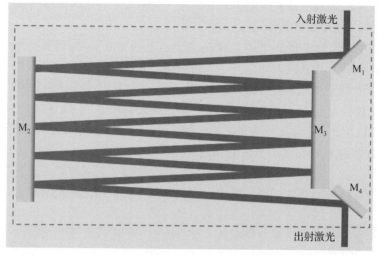

图 3.9　多次反射实现较大探测延时光路示意图，M 表示反射银镜

3.1.2　飞秒时间尺度等离子体激发的观测

在飞秒时间尺度上，通过透射阴影式泵浦探测可以研究飞秒激光激发透明材料电子电离/复合过程和飞秒激光在材料内部的传播规律。实验采用 5 × 显微物镜（NA = 0.15，Olympus）将飞秒激光聚焦到抛光过的熔融石英表面（表面粗糙度 < 1 nm），通过外延法拟合得到聚焦光斑直径为 12.6 μm；通过调节衰减片使激光脉冲能量为 5 μJ，对应的激光通量为 8.02 J/cm^2。实验中的泵浦探测延时以 100 fs（对应光程差为 30 μm）增加，以能够看到材料瞬态透射率变化的时刻为延时零点，并在此之后以 100 fs 为延时增量得到不同延时下的材料瞬态透射率图像。首先以图 3.10 所示的探测延时 300 fs 的瞬态透射率图像为例分析其空间演化，激光从图片左侧辐照样品表面。瞬态透射率图像是通过将瞬态图像的灰度值除以参考图像（将泵浦光遮挡得到的背景图）的灰度值得到的，其能反映光学性质（吸收率）的时空瞬态分布。由于样品边缘的衍射效应，样品边缘附近会出现亮度周期性变化的条纹。从 300 fs 延时的瞬态透射率图像可以看到，由于激光诱导产生的自由电子等离子体对探测光的吸收作用，激光作用区域的材料透射率有明显降低。在 300 fs 探测延时下，其最小透射率达到 0.31。进一步通过图像发现，随着激光向材料内部传播，激光诱导产生的等离子体（透射率变化区域）直径有先减小后饱和的演化规律。这种现象与飞秒激光和材料相互作用过程中的克尔自聚焦效应（Kerr self-focusing）、等离子体散焦效应（Plasma defocusing）等非线性效应密切相关[45,46]。

飞秒激光在材料内部传播时，激光光强的空间高斯分布会在材料内部产生空间分布的折射率变化 $n = n_0 + n_2 I(r, t)$，其中 n_0 为线性折射率，n_2 为非线性折射率，$I(r,t)$ 为材料内部激光光强的时空分布。这种折射率的空间差异会导致入射激光向光斑中心汇聚（类似透镜聚焦效果），增强激光光强。另外，入射激光在材料内部传播时会通过非线性电离机制激发材料产生大量自由电子，从而影响材料折射率的空间分布。材料折射率在自由电子密度较

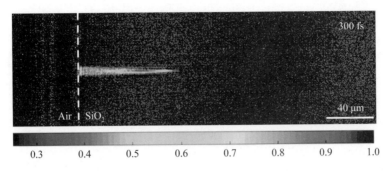

图 3.10　探测延时为 300 fs 时的瞬态透射率空间分布图像（白色虚线表示空气 – 材料界面）

高的区域（激光光斑中心）较小。因此，与自聚焦效应相反，自由电子起发散激光的作用（等离子体散焦效应），能够抵消自聚焦效应。自聚焦效应和等离子体散焦效应的相互平衡最终在材料内部形成较稳定的激发区域，如图 3.11 所示。

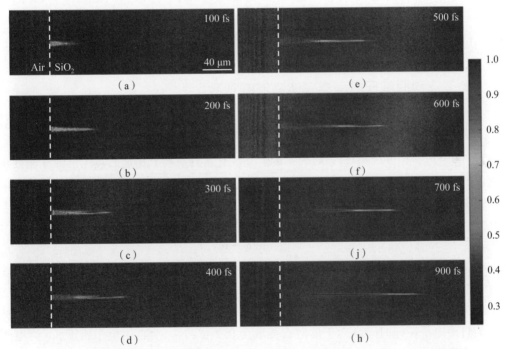

图 3.11　熔融石英透射率随探测延时的演化规律（白色虚线表示空气 – 材料界面）

　　图 3.11 为不同探测延时下的材料透射率瞬态图像。随着探测延时的增加，材料透射率差异逐步明显，且透射率变化前沿逐渐向材料内部延展。针对同一空间位置，随着探测延时在飞秒时间尺度上的变化，材料透射率会呈现迅速减小后快速恢复的变化规律，这与飞秒激光的瞬态电离特性及熔融石英自由电子的极短寿命时间相关。根据 Audebert 等[47] 的测量结果，熔融石英的自由电子寿命为 150 fs。因此，在飞秒激光辐照完成后，自由电子密度将在极短时间内迅速降低，从而导致透射率的快速恢复。在每个探测延时下均会有材料透射率较小的区域，该区域靠近等离子体前沿，其材料透射率最小值随着探测延时的增加有先减小后增加的趋势，最小值达到 0.29。材料在 300 ~ 600 fs 探测延时的较小透射率主要与自聚焦效应相关（可以从图 3.11 中看到此区域的等离子体直径较小）。如前所述，自聚焦效应能够

增强激光光强，激发更多的自由电子，进而增强对探测光的吸收。在 600 fs 探测延时之后，由于之前的激光传播过程中存在大量的能量损耗（电子电离/加热等），即便存在自聚焦效应，激光诱导产生的自由电子密度也会降低，其对探测光的吸收作用相应减弱。进一步测量等离子体（透射率变化）前沿位置随时间的演化规律，如图 3.12 所示，通过线性拟合可得到其传播速度为 1.98×10^8 m/s，与 800 nm 激光在熔融石英内部的理论传播速度（2.06×10^8 m/s，熔融石英折射率取 1.453）非常吻合。因此，我们认为材料内部等离子体（透射率变化）的变化能够反映飞秒激光在熔融石英内部的传播规律。

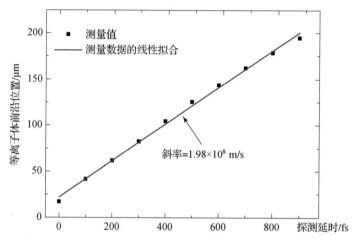

图 3.12　等离子体（透射率变化）前沿位置随时间的演化规律（实线表示线性拟合）

通过飞秒激光加工过程中瞬态吸收率的时空演化可计算得到熔融石英内部激光激发自由电子密度的时空分布 $n_e(t,z)$。材料的光学性质（反射率、吸收率等）取决于材料的介电函数，根据 Drude 模型，材料的介电函数 ε 为

$$\varepsilon = \varepsilon_s - \frac{\omega_p^2}{\omega(\omega + i/\tau_e)} \tag{3.1}$$

$$\omega_p = \sqrt{\frac{n_e e^2}{m_e^* \varepsilon_0}} \tag{3.2}$$

其中，ε_s 为本征介电函数，ω_p 为等离子体振荡频率，ω 为探测激光频率，i 为复折射率的虚部，τ_e 为自由电子碰撞时间（对于熔融石英取为 0.2 fs），n_e 为自由电子密度，e 为电子电荷量，ε_0 为真空介电常数，m_e^* 为有效电子质量（对于熔融石英，取为电子质量 m_e）。

根据 Beer – Lambert 定律，经过激光作用区域后，激光光强满足如下关系：

$$T = \frac{I_{pd}}{I_{p0}} = \exp(-\alpha d) \tag{3.3}$$

$$\alpha = \frac{2f_2 \omega}{c} = \frac{4f_2 \pi}{\lambda} \tag{3.4}$$

$$f_1 + if_2 = \sqrt{\varepsilon} \tag{3.5}$$

其中，T 为材料透射率；I_{pd} 为经过自由电子区域后的光强，I_{p0} 为经过自由电子区域前的光强；α 为吸收系数；d 为等离子体有效直径；f_1 和 f_2 分别为材料电离后的标准折射率和消光系数；c 为光在真空中的速度；λ 为探测激光的波长。

联立式（3.1）~式（3.5），再结合泵浦探测实验测得的透射率变化可得到电子密度的时空演化规律。如图 3.13 所示为探测延时 300 fs 的透射率及其对应的电子密度空间分布。可以看到，在透射率低的区域，计算得到的电子密度相对较高。在 300 fs 探测延时下，计算得到的最大自由电子密度为 6×10^{20} cm^{-3}。该数值小于 800 nm 飞秒激光加工熔融石英的临界电子密度（1.75×10^{21} cm^{-3}）。

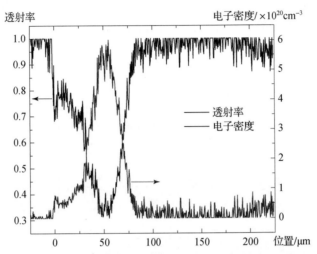

图 3.13　基于瞬态透射率计算得到的电子密度沿激光传播方向上的空间分布（探测延时为 300 fs）（书后附彩插）

根据不同延时的透射率演化规律，通过计算可进一步得到熔融石英内部自由电子密度的时空分布，如图 3.14 所示。总体而言，与透射率变化规律一致，随着探测延时的增加，自由电子激发区域向材料内部传播。在激发区域两侧，虽然自由电子密度均很弱，但产生的原因则不一样：在激发区域左侧（靠近材料表面）是由于入射激光激发后的自由电子快速衰减，在激发区域右侧（靠近材料内部）则是由于入射激光还未到达。当探测延时为 100 fs 时，由于激光辐照材料表面诱导产生的大量自由电子使瞬态反射率迅速增加，从而使进入材料内部的激光光强有很大衰减，因而诱导的自由电子密度较弱。随着探测延时的增加，由于之前讨论的自聚焦效应，材料内部的激光发生再次聚焦使光强增加，进而能够诱导产生更多的自由电子：当探测延时为 200 fs 时，其最大自由电子密度达到 3.8×10^{20} cm^{-3}；当探测延时为 300 fs 时，其最大自由电子密度达到 6×10^{20} cm^{-3}。然而，当自由电子密度达到一定程度后，等离子体散焦效应逐渐明显，与自聚焦效应相互平衡。此时激光光强变化较小，所激发的自由电子密度保持在一个较稳定的状态。在 300 ~ 600 fs 探测延时下得到的最大自由电子密度为 $(5.6 \sim 6.4) \times 10^{20}$ cm^{-3}。随着延时的进一步增加（激光向材料内部传播），由于前期的能量损耗，激光光强明显减弱，其诱导产生的自由电子密度逐渐衰减：在 700 fs 时，最大自由电子密度降低至 5.2×10^{20} cm^{-3}；在 800 fs 时，最大自由电子密度进一步降低为 4.4×10^{20} cm^{-3}。可以看到，自由电子密度演化规律与透射率演化规律基本一致。

3.1.3　皮秒 – 纳秒时间尺度等离子体和冲击波喷发的观测

在材料通过电子电离、电子加热等过程吸收飞秒激光能量后，会在材料表面形成高温致密的等离子体，并在皮秒 – 纳秒时间尺度上向外喷发。当在空气等环境中加工材料时，等离

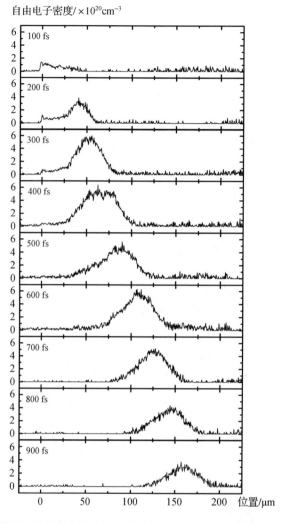

自由电子密度/×10²⁰cm⁻³

图 3.14　熔融石英内部自由电子密度的时空分布（激光通量为 8.02 J/cm²）

子体会与空气相互作用形成冲击波。基于等离子体对探测光的吸收效应和受挤压空气的折射率变化，可通过透射阴影式泵浦探测研究等离子体和冲击波的喷发过程。

　　图 3.15 为飞秒激光加工熔融石英过程中皮秒－纳秒时间尺度上的等离子体和冲击波瞬态演化图像，激光通量为 22.5 J/cm²。在皮秒尺度上，可以清楚地看到等离子体的喷发，由于其对探测光的吸收作用而表现为黑色阴影。随着延时的增加，等离子体向四周扩散并衰减，对探测光的吸收作用减弱。随着延时的进一步增加，可以在纳秒尺度上看到等离子体挤压空气形成的冲击波及其传播过程，如图 3.15（c）至（g）所示。在冲击波前沿，可以看到明显的凸起结构，这种结构的形成与高通量飞秒激光诱导空气击穿有关。在高通量飞秒激光作用下，空气通过非线性电离产生大量自由电子形成空气等离子体通道，该等离子体通道具有较小的折射率，其对冲击波的传播阻碍作用较小，即空气击穿能增强冲击波在纵向上的传播，进而形成冲击波前沿凸起。

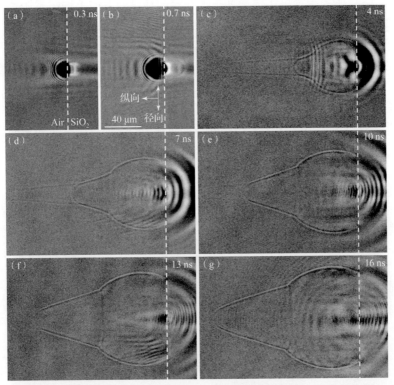

图 3.15　飞秒激光诱导熔融石英的等离子体和冲击波瞬态演化图像，激光通量为 **22.5 J/cm²**

此外，在飞秒激光加工材料过程中，除在空气中诱导产生冲击波外，也会在材料内部诱导形成应力波。由于空气和熔融石英的折射率差异，如图 3.15 所示的内部图像较模糊。图 3.16 为调整成像距离后得到的内部应力波的清晰图像。当延时为 16 ns 时，在熔融石英内部可观察到两个应力波的产生。Hu 等[35,37]对飞秒激光诱导材料内部多次应力波做了系统的研究，将第一应力波归为材料喷发诱导的热弹力波，将二次应力波归为高压下挤压应力的释放作用：在飞秒激光辐照下，作用区域会产生极高压强，引起晶格的挤压，产生排斥力。达到一定程度的排斥力将克服挤压力双向释放，向内释放就会形成应力波。

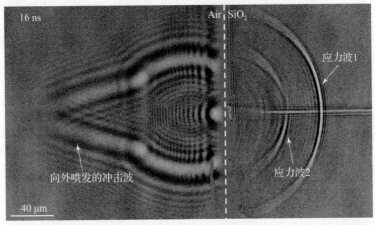

图 3.16　飞秒激光在熔融石英内部诱导产生的应力波（探测延时为 **16 ns**，激光通量为 **22.5 J/cm²**）

　　如图 3.17（a）所示为等离子体和冲击波在径向和纵向方向上的喷发距离随探测延时的
演化规律，通过差分可进一步得到其喷发速度随探测延时的演化规律，如图 3.17（b）所
示。总体而言，等离子体在纵向上的传播距离（或速度）大于其在径向上的传播距离（或
速度），这一方面与材料等离子体的本征喷发特性有关，另一方面与纵向上的激光诱导空气
击穿的加速作用有关。随着探测延时的增加，由于其在传播过程中的能量耗散，等离子体和
冲击波的喷发在纵向和径向上的传播速度均有显著降低。如在 1 ns 时，在纵向和径向上的
传播速度分别为 18.1×10^3 m/s、5.9×10^3 m/s；而在 16 ns 时，在纵向和径向上的传播速度
则减小为 5.8×10^3 m/s、1.7×10^3 m/s，但仍大于空气中的声速（约 340 m/s）。

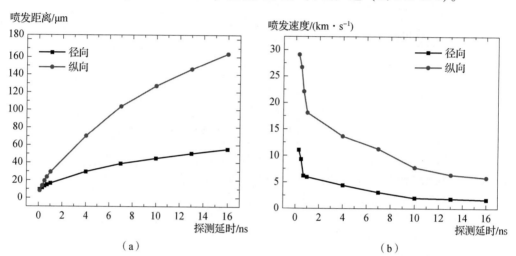

图 3.17　飞秒激光诱导产生的熔融石英等离子体和冲击波在纵向和径向上的
喷发距离和喷发速度随探测延时的演化规律（激光通量为 22.5 J/cm²）

（a）喷发距离；（b）喷发速度

　　激光诱导的冲击波传播可近似为源于瞬态、无质量的点爆炸，其传播距离随时间的演化
规律由 Sedov – Taylar 理论描述[43,48]：

$$R = \lambda \left(\frac{E}{\rho} \right)^{\frac{1}{\beta+2}} t^{\frac{2}{\beta+2}} \tag{3.6}$$

其中，λ 为接近于 1 的无量纲常数；E 为沉积转换为等离子体态的能量；ρ 为未受干扰的空
气密度；t 为等离子体和冲击波的传播时间；β 为冲击波喷发的维度，$\beta = 1$、2 和 3 分别表示
一维平面、二维柱面和三维球面喷发。通过对式（3.6）两边同时取对数可得

$$\lg R = \frac{2}{\beta+2} \lg t + \frac{2}{\beta+2} (\lg E - \lg \rho) + \lg \lambda \tag{3.7}$$

　　可以看到，喷发距离的对数（$\lg R$）和喷发时间的对数（$\lg t$）满足线性关系，其斜率为
$\frac{2}{\beta+2}$，如图 3.18 所示。因此，通过简单的双对数拟合，就可以得到冲击波的喷发维度。

　　图 3.18 为熔融石英等离子体和冲击波在径向和纵向方向上喷发距离与时间关系的双对
数拟合，拟合数据点始于 1 ns。对于径向方向，拟合得到的斜率为 0.44，对应的 $\beta \approx 2.55$，
冲击波倾向于三维球面喷发；对于纵向方向，拟合得到的斜率为 0.63，对应的 $\beta \approx 1.17$，冲
击波接近于一维平面喷发。由此表明，空气击穿形成的等离子体通道主要影响材料等离子体

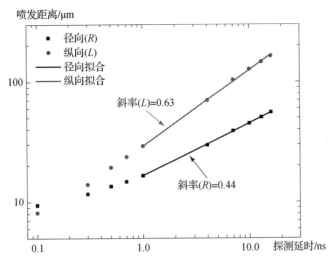

**图 3.18　飞秒激光诱导产生的熔融石英等离子体和冲击波的喷发距离与
时间关系的双对数拟合（激光通量为 22.5 J/cm²）**

和冲击波在纵向上的喷发维度，对径向上的喷发维度影响较弱。因此，可以看到激光诱导空气击穿不仅会影响材料等离子体和冲击波的喷发速度，也会影响其喷发维度。

　　为进一步研究飞秒激光加工熔融石英诱导的等离子体和冲击波在空气中的演化规律，我们在另外一组实验中研究了不同激光通量下等离子体和冲击波的传播规律。图 3.19 为探测延时为 16 ns 得到的典型激光通量下的冲击波阴影图像。可以看到，在低通量下，飞秒激光诱导产生的空气击穿强度很弱（或者无法诱导产生空气击穿），激光诱导冲击波保持着比较规则的形貌。随着激光通量的增加，飞秒激光诱导产生的空气击穿强度增加，其对冲击波在纵向上的影响作用不断加剧。在这种情况下，由于空气等离子体通道对冲击波传播的增强作用，冲击波前沿在纵向上会出现凸起结构，并随着激光通量的增加而更加明显。

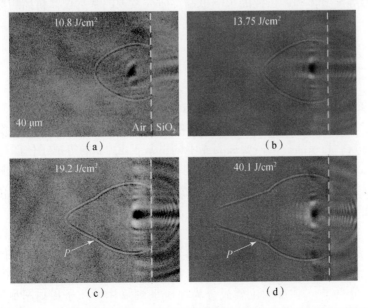

图 3.19　飞秒激光加工熔融石英诱导的冲击波随激光通量的演化规律（P 表示冲击波前沿凸起）

图 3.20 为冲击波径向和纵向喷发距离随激光通量的变化规律，探测延时为 16 ns。从图 3.20 中可以看到，随着激光通量的增加，冲击波在纵向上的增加趋势明显高于在径向上的传播。这也主要与空气击穿有关，表现为：①激光诱导空气击穿会对入射激光进行重整，降低实际到达材料表面的激光通量，在一定程度上降低了等离子体能量沉积；②激光诱导空气击穿形成等离子体通道主要针对冲击波纵向传播进行增强。在这两种效应的综合作用下，随着激光通量的增加，冲击波在纵向上的传播距离增加将比在径向上明显。

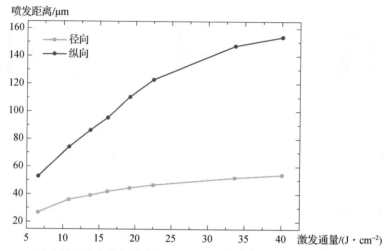

图 3.20　冲击波径向和纵向喷发距离随激光通量的变化规律（探测延时为 16 ns）

至此，我们介绍了飞秒激光透射阴影式泵浦探测实验系统的设计与搭建，并对泵浦探测系统中的关键点（如时间延时零点、探测延时控制和探测系统时空分辨率等）做了详细的说明，并在此基础上以熔融石英为例分析飞秒激光激发材料电离过程、飞秒激光诱导等离子体和冲击波形成与喷发过程，研究了激光通量对等离子体和冲击波的影响规律，探讨了激光诱导空气击穿对等离子体和冲击波的影响机制。研究发现的基本规律将为后续章节的进一步研究打好基础。

3.2　时间分辨等离子体图像和光谱技术

基于 ICCD 的时间分辨等离子体图像和激光诱导击穿光谱技术（LIBS）研究等离子体演化规律，可研究飞秒激光辐照下材料等离子体喷发形貌和等离子体种类、温度及电子密度等等离子体本征参数。与泵浦探测需要探测光不同，基于 ICCD 的等离子体图像和光谱的基本原理是通过激光器触发 ICCD，通过 ICCD 本身控制门延时和门宽采集不同延时的激光诱导等离子体的自发光光谱，通过谱线的位置、强度和展宽等信息对等离子体演化进行分析，从而揭示飞秒激光与材料的相互作用机理。

目前，基于该时间分辨系统主要针对等离子体喷发的元素种类、等离子体成分、光谱强度等信息进行研究。等离子体喷发的元素种类与基底材料相关。针对等离子体成分，大量等离子体图像和光谱研究表明，在真空中加工金属和半导体时，飞秒激光诱导的等离子体包含快部和慢部两部分[49-54]：快部的主要成分为原子羽辉（中性原子或离子）；慢部的主要成分为高温纳米粒子，其喷发速度不到原子羽辉的 1/10，同时辐射连续光谱。此外，在高通量下还会出现中性原子和离子间的分离[55]。针对电介质材料等离子体喷发，Axente 等[56]通过等离子体图像和光谱分析发现在熔融石英的等离子体中只有快部成分，而在使用的最高激光通量下都未发现慢部成分，但同时作者指出这并不能完全排除纳米粒子的产生。2018 年，Cao 等[57]通过等离子体图像研究飞秒激光诱导熔融石英等离子体时发现，当激光通量较高（如 5.5 J/cm^2）时，在等离子体图像中也会发现慢部成分（纳米粒子）的存在，如图 3.21 所示，并进一步通过第二个子脉冲再激发纳米粒子实现了光谱信号的增强。

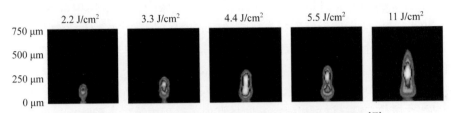

图 3.21　飞秒激光诱导熔融石英的时间分辨等离子体图像[57]

　　与此同时，基于 ICCD 的时间分辨等离子体图像和光谱分析能系统地研究环境参数对等离子体喷发的影响。2008 年，Amoruso 等[58]研究了飞秒激光诱导铁等离子体的慢部和快部在不同环境气压下的喷发规律，在一定的气压下，原子羽辉（快部）从前向喷发转变为类球面传播；纳米粒子团簇（慢部）的喷发受限较小，能够保持前向喷发。同时，其他研究者的研究结果表明，等离子体光谱强度和信噪比、等离子体温度和电子密度均与大气压强密切相关，存在一个最优值[59,60]。图 3.22 所示为激光诱导铜等离子体辐射光谱强度和信噪比与空气压强的关系[60]，可以看到，飞秒激光诱导辐射光谱强度最大值出现在 300～600 Torr，信噪比最大值出现在 20～50 Torr。此外，不同的大气成分（空气或稀有气体）也会影响等离子体辐射光谱强度、等离子体温度和电子密度[59,61]。

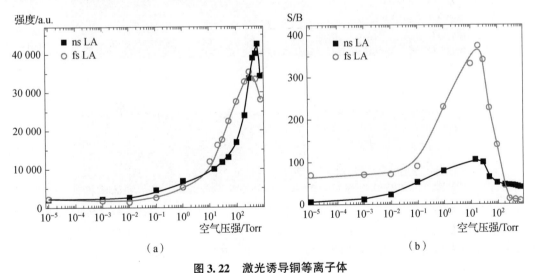

图 3.22　激光诱导铜等离子体

（a）辐射光谱强度与空气压强的关系；（b）信噪比与空气压强的关系[60]

　　除了外界环境，激光参数也会影响等离子体喷发形貌（图 3.23）。如 Harilal 等的研究表明，随着激光通量的增加，除了中性原子和离子喷发会发生分离外，离子谱线在光谱中越来越占优势[62]；随着激光光斑直径从 100 μm 增加到 600 μm，飞秒激光诱导铝等离子体形貌从球形逐渐转变为圆柱形[63]。在揭示传统飞秒激光脉冲诱导的等离子体演化规律的同时，研究时域整形激光诱导的等离子体演化规律在揭示激光与材料、激光与等离子体的作用机理，控制纳米粒子合成、增强 LIBS 信号强度等方面具有重要意义，引起了广泛关注。例如，Amoruso 等[64]的研究表明，通过调节脉冲延时实现第二个脉冲能量与第一个脉冲产生的不同成分的有效耦合，可以对飞秒激光诱导等离子体的成分（原子、离子和纳米粒子）进行有效的调控，如图 3.24（a）所示，如增强原子激发/电离，减少纳米粒子产量。针对 LIBS 信号增强，大量研究表明，通过第二个子脉冲对等离子体的再加热作用可增强等离子体强度[65-68]，如图 3.24（b）所示；同时有研究表明在双脉冲加工半导体时，其增强机理为两相机制[69,70]，即第二个子脉冲将与第一个子脉冲形成的液相相互作用，从而增强等离子体强度，如图 3.24（c）所示；此外，如前所述，Cao 等[57]在研究飞秒激光双脉冲加工熔融石英过程中揭示了第二个子脉冲对纳米粒子团簇的再电离作用，如图 3.24（d）所示。可以看到，通过双脉冲诱导击穿光谱可以研究不同材料加工过程中第二个子脉冲与第一个子脉冲诱导瞬态过程的耦合规律，揭示不同材料的加工机制。

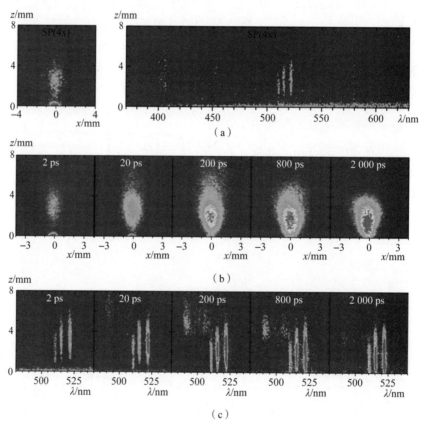

图 3.23　飞秒激光诱导铜等离子体图像及其时空分辨的辐射光谱[64]

（a）单脉冲；（b），（c）双脉冲

综合上述研究进展可以看到，通过泵浦探测技术、时间分辨等离子体图像和激光诱导击穿光谱系统可对飞秒激光诱导等离子体激发、喷发和辐射，以及冲击波/应力波传播过程进行系统的研究，从而揭示相应材料的加工机理。

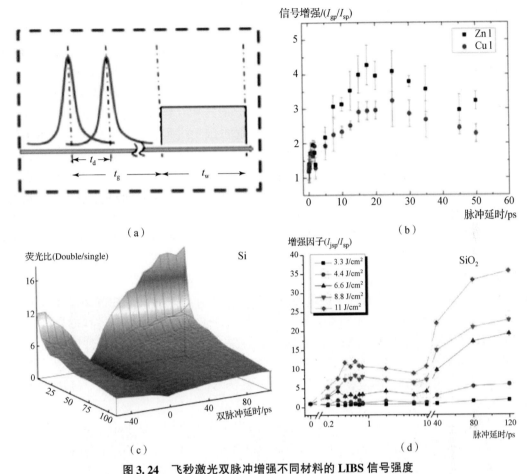

图 3.24　飞秒激光双脉冲增强不同材料的 LIBS 信号强度

(a) 双脉冲时序示意图[57]，t_d、t_g 和 t_w 分别表示脉冲延时、ICCD 门延时和门宽；

(b) 金属[63]；(c) 半导体[69]；(d) 电介质[57]

　　综上所述，飞秒激光加工在微纳制造领域具有广阔的前景，实现高精度、高质量和高效率的材料可控加工是飞秒激光加工的主要研究方向。这一系列研究工作的开展依赖于对飞秒激光加工过程及其机理的深入理解。作为飞秒激光与材料相互作用的重要组成部分，研究等离子体的激发、喷发和辐射，以及冲击波传播对于理解飞秒激光加工机理及其应用至关重要。国内外科学家已从不同角度揭示了激光加工中等离子体和冲击波的演化机制，讨论了激光参数、材料性质和加工环境对等离子体和冲击波演化的影响规律，取得了较大的进展，但依然存在一系列潜在研究问题，需要进一步探讨。

　　飞秒激光与材料的相互作用受到多个实验参数的共同影响，要想实现材料的可控加工，首先需要深入理解不同参数对加工过程的影响规律。上述绝大部分的时间分辨观测研究集中于单点加工过程（或忽略了脉冲数的影响），以研究激光参数（能量、波长、脉宽等）、材料性质（金属、半导体、电介质等）、加工环境（液体环境、气体环境、气体成分和气体压强等）对等离子体和冲击波演化规律的影响。但同时很多结构的制备不可避免地会采用多脉冲叩击加工的方式，如高深径比微孔[71,72]、激光诱导表面周期性结构[73,74]等，脉冲数是一个不可忽视的重要影响因素。已有大量实验表明，在多脉冲加工过程中，激光与材料相互作用的物理机制和最终加工形貌均会发生变化。如前所述，在近阈值飞秒激光加工宽禁带材料中，在库仑爆炸（非热相变）的材料去除机理作用下可获得光滑的烧蚀结构，但随着脉冲数的增加，由于激光诱导缺陷的产生，其相变机制转变为相爆炸（热相变），进而诱导产生粗糙的表面结构。此外，激光加工形成的微纳结构将会与后续激光相互作用，通过反射、透射、散射和吸收等对入射激光光强进行重整[75-78]。透射、吸收和散射效应影响激光与材料的相互作用，反射和散射效应影响激光与周围介质的相互作用，并最终影响材料加工过程。目前，从飞秒激光加工的理论模型出发对多脉冲加工过程进行揭示尚有诸多困难。因而，对这一过程的深入观测与分析将极大地促进飞秒激光与材料相互作用机理的理解，进而推动相关应用技术的发展。

在研究激光加工参数对飞秒激光与材料相互作用的影响规律的基础上，进一步对其超快过程进行调控是实现材料可控加工的最终途径。基于飞秒激光与材料相互作用的非线性、非平衡超快多尺度效应，本课题组提出了电子动态调控的激光微纳米制造新方法[79]，通过飞秒激光时域/空域设计调控局域瞬时电子动态（电子密度、温度等），控制瞬时局部材料特性，进而调节材料相变机理，从而形成全新的制造方法。基于电子动态调控的思想可实现激光诱导等离子体的调控。然而，现阶段的研究进展主要针对双脉冲调控等离子体成分以及增强等离子体信号，尚缺乏对等离子体及其诱导的冲击波的喷发动态过程的研究，相关调控机理也有待进一步研究与明确。因此，全面深入地研究飞秒激光脉冲序列对等离子体喷发与辐射过程的影响规律，揭示激光诱导等离子体演化过程中的调控机理，将为飞秒激光加工过程中的电子动态调控提供在线实验观测证据，促进激光诱导等离子体相关应用领域的发展。

飞秒激光从本质上改变了传统激光与材料的相互作用机理，是一个非线性、非平衡的超快过程，涉及大量材料加工新机理、新效应和新现象，研究其作用过程具有很重要的科学意义。同时，随着飞秒激光微纳加工技术及其应用的快速发展，其对加工质量、精度、效率和可控性等方面的要求日益提升。解决相应难题在于从根本上加深对飞秒激光与材料的相互作用过程及其机理的观测、理解与调控，因而研究其作用过程也具有很强的工程应用前景。

鉴于此，可以时间分辨观测研究为主线，以飞秒激光诱导等离子体动态演化过程为观测研究对象，在构建飞秒–皮秒–纳秒多时间尺度激光诱导等离子体在线观测系统的基础上，结合多种离线材料形貌表征手段，从不同的时间尺度上研究飞秒激光加工过程中激光与材料相互作用、激光与空气相互作用及材料等离子体与空气相互作用等过程，揭示多脉冲飞秒激光与材料相互作用的内在机理。通过研究飞秒激光时域整形，从而调控材料等离子体与空气的相互作用过程，实现激光诱导等离子体和冲击波喷发特性的可控调节。

3.3 条纹相机

条纹相机又称为变像管扫描相机，它可以将光信号的时间轴信息转换为空间轴信息，再通过 CCD 相机进行信号的采集和分析，是一种可以直接用于超快检测的设备，如图 3.25 所示。其超高（fs～ps 量级）的时间分辨能力和可调的时间记录长度，便于在实验中获得绝佳的探测精度和方便灵活的观察视野，从而有效提高实验的效率和可靠性。

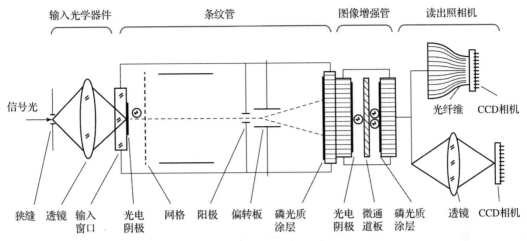

图 3.25　条纹相机的工作原理

入射光经过狭缝并由透镜聚焦在条纹管的阴极上，激发出的光电子通过网状阳极加速，入射到偏转场中的电极间，此时电压加在偏转电极上，光电子被电场偏转，激射荧光屏，以光信号的形式成像在荧光屏上。转换后的光信号还可以再通过图像增强管进行能量放大，并在图像增强管的荧光屏上成像。最后通过 CCD 相机采集荧光屏上的信号。因为电子的偏转与其承受的偏转电场成正比，因此，通过电极的时间差转变为荧光屏上条纹成像的位置差，也就是将入射光的时间轴转换成荧光屏上的空间轴。条纹相机主要包括以下 5 大模块。

（1）输入光学系统：即条纹相机的镜头，能够对发光目标进行一维空间取样并成像到光电阴极表面。

（2）条纹变像管模块：条纹相机的核心功能模块。

（3）扫描电路模块：主要用来为偏转板提供高速扫描电压，对通过偏转板的光电子实现空间扫描。

（4）远程控制模块：很多情况下，条纹相机的核心部件往往与人的工作环境相隔离，为实现对条纹相机工作状态的控制与监测，必须开发远程控制模块，主要由操作界面模块、环境监测报警模块、系统自检模块和高压控制模块等构成。

（5）图像采集及处理分析模块：荧光屏上的图像必须转变为计算机可以处理的图像数据，完成这一过程需要图像采集及处理分析模块。该模块主要包括 CCD 相机，以及与之配套的图像处理软件。

条纹相机的开创性工作来源于英国 1949 年首次研制的基于磁偏转技术的条纹相机，其时间分辨率约为 1 ns，响应波段覆盖红外、可见光和紫外光。几乎同时，苏联的科学家首次将电偏转技术和像增强器引入条纹变像管。到 20 世纪 60 年代初，苏联的条纹管的时间分辨率已经达到 10 ps 量级。另外，苏联的科学家也对条纹变像管进行了系统的理论研究，并提出了条纹管时间分辨率的理论极限是 10 fs 的论断。1969 年，英国布雷德利提出，在靠近光电阴极的地方设置加速网格电极可以提高光电阴极附近的电场强度，从而减少渡越时间弥散。该技术将条纹管时间分辨率提高到 2 ps。20 世纪 80 年代，条纹管的时间分辨率首次进入亚皮秒（飞秒）量级，各国科学家还围绕提高时间分辨率、空间分辨率等进行了深入探讨，提出了空间电荷效应，并对其对条纹管性能的影响进行了理论研究。20 世纪80 年代初到 90 年代末是条纹管时间分辨率进一步提高的时期，各个国家和机构都将条纹相机的研究重点集中到进一步提高时间分辨率上。俄罗斯科学院普通物理研究所和日本滨松公司于同期推出了时间分辨率小于 200 fs 的条纹管的设计结果。进入 21 世纪后，条纹相机的研制进入成熟期，对条纹相机的研究不仅聚焦于条纹管核心性能的提升，还注重条纹相机应用领域和商品化条纹相机的研制。

3.4　光学克尔门

1875 年，英国物理学家克尔（Kerr）发现，线偏振光通过外加电场作用的玻璃时会变成椭圆偏振光，当旋转检偏器时，输出光不消失。证明玻璃板在强电场作用下变成光学各向异性，具有双折射性质，入射光分解成振动方向互相垂直、传播速度不同、折射率不等的两种偏振光，其折射率的变化正比于外加电场的平方，即光学克尔效应，如图 3.26 所示。

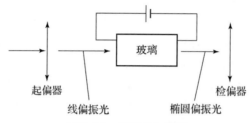

图 3.26　光学克尔效应

某些极性液体，如一硝基甲苯（$C_7H_7NO_2$）、硝基苯（$C_6H_5NO_2$），会展示出很大的克尔常数。"克尔盒"指的是装满了这种液体的小盒。因为克尔效应对于电场变化的响应速度很快，克尔盒时常被用来调制光波，频率可高达 10 GHz，可以用来制作电控光开关，在高速摄影、激光通信方面很有用处，是未来光联网的重要技术。

各向同性介质在外加电场的作用下折射率发生改变，其折射率的改变量正比于外加电场的平方（$\Delta n \propto E^2$），利用它可以在各向同性介质中产生双折射效应。

光克尔门开关可由起偏器、克尔介质和检偏器组成，如图 3.27 所示，在克尔效应的作用下，通过瞬时改变克尔介质的折射率可改变介质中光的偏振态。

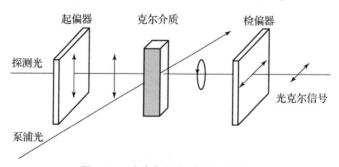

图 3.27　光克尔门开关原理示意图

当没有泵浦光照射时，探测光无法透过，光克尔门开关处于"关闭"状态；当有泵浦光照射时，探测光便可以部分透过检偏器，光克尔门开关处于"开启"状态；光克尔门的开关时间，即时间分辨率，取决于光克尔介质的响应时间和泵浦光的脉冲宽度。光折射率变化调制了相位，对自作用和交叉作用光克尔效应，相应存在自相位调制（SPM）和交叉相位调制（XPM）。

$$n = n_0 + \Delta n = n_0 + n_2 I \tag{3.8}$$

大多数介质的 n_2 相当微小，一般玻璃大约为 10^{-14} cm^2/W，因此，光强至少要达到 1 GW/cm^2 才能使折射率通过交流克尔效应产生较为显著的变化。与辐射度有关的折射率是一种非常重要的三次过程，又分为空间调制与时间调制两种过程。空间调制过程可以改变光束的传播。时间调制过程可以改变光波的波幅与相位结构。例如，高斯光束会造成高斯折射率剖面，类似渐变折射率透镜（Gradient - index lens）所产生的效应；越接近光束的中间区域，折射率越高；越接近边缘区域，折射率越低。由于介质折射率被改变，使光束在介质内自动聚焦，这种现象称为自聚焦（Self - focus）。由于光束的自聚焦，峰值辐照度会增加，因此会更加自聚焦。自聚焦与衍射彼此对抗抵消，如自聚焦会成为主导物理机制，光束会变得越来越狭窄，造成光束塌缩灾难，从而损毁介质。一种称为"小尺寸自聚焦"的现象，会造成局域热点与丝状光束的形成。为了避免这类问题出现于激光系统，通常会先使用空间过滤器将光束波前的粗糙部分加以平滑。

光克尔门开关的特点如下。

（1）光克尔技术的时间分辨能力主要取决于门控光脉冲的脉宽和克尔介质自身的响应时间。通常情况下，材料的折射率越大，光克尔门系统的响应就越灵敏。

（2）克尔介质的响应时间越长，开门时间也就越长，从而通过的光量就越大，信号也就越强，从而容易被探测，但是时间分辨率会下降；反之，响应时间短，时间分辨率可以提高，但是开门时间会短，从而导致信号比较弱，探测信号会比较困难。

（3）光克尔门技术使用的偏振片具有有限的消光比（消光比的大小决定了开关比），从而导致"关门"状态下也有信号光通过，因此，系统的信噪比较难提升。

光克尔门技术的主要优势如下。

（1）利用了强光场作为驱动电场，而光场的持续时间可以不受电路响应的限制，可以具有更快的响应时间。

（2）具有较高的受光效率，且不需要严格的相位匹配条件（相对于频率上转换技术）。

（3）可以同时探测完整的光谱信号及其特征动力学。

一种比较典型的应用就是超快光克尔门荧光光谱测量技术，如图 3.28 所示。

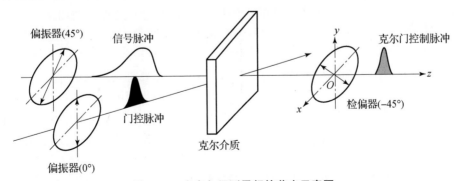

图 3.28　光克尔门测量超快荧光示意图

飞秒激光脉冲在介质中激发出的荧光经过起偏后，无法通过位于光克尔介质后面的垂直检偏的检偏器；当一束强泵浦光脉冲照射位于两个偏振器之间的光克尔介质时，会在介质内部诱导出双折射效应；材料中激励的荧光入射到介质内泵浦光脉冲照射区域后，会由原来的线偏振变为椭圆偏振，并有部分光可以透过后面的检偏器。也就是说，泵浦光脉冲在这里起到一个"开关"的作用，通过改变泵浦光脉冲与荧光脉冲的时间延迟，可以获取荧光弛豫时间曲线。

另外，还可以利用光克尔门测量物体三维形貌，如图 3.29 所示。

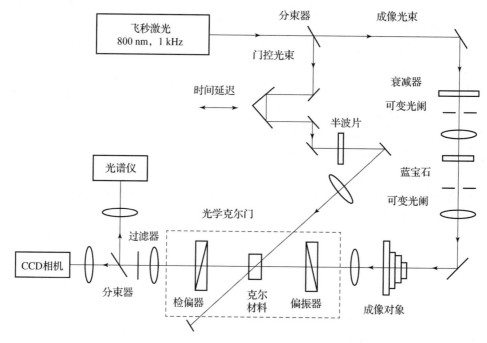

图 3.29　高时间分辨三维（3D）成像技术的原理图设置

一束光照射粗糙物体被反射后，由于物体表面不同区域在光线传播路径中的厚度不同，经反射后不同区域的反射光光程差必然不同。利用超快光克尔门可以测量反射光光程的改变，进而还原出物体的表面形貌。基于这个原理，利用光克尔门可以对超快运动物体实现三维形貌测量。

成像光束通过物体后，对成像物体的不同区域具有不同的光程。例如，在图 3.29 中，成像物体的发光区域有三个。通过调整门脉冲与超连续体之间的延时，光克尔门可以传输一个三波长的时间切片超连续谱，该超连续谱可以由彩色 CCD 检测到。

基于此，又发展出了新型瞬态光栅门控技术，该技术主要是利用两束脉冲光在介质中干涉产生的瞬态光栅对信号光的衍射实现门控。两束来自同一光源的脉冲光在介质中相干，形成光强在空间上的周期性分布，进而对介质的折射率或吸收系数等光学性质产生周期性调制，最终形成折射率或吸收系数的光栅结构，即产生瞬态光栅。信号光通过此光栅时会发生衍射效应，从而探测到衍射信号。瞬态折射率光栅为相位型光栅，其作为一种光学快门，可被用来测量荧光辐射的衰减过程或超连续谱的啁啾特性。

3.5　频率上转换门

频率上转换（Frequency Up‑Conversion）也称为和频（Sum Frequency Generation），这是一种将光辐射向短波长方向变换的非线性光学技术，也被运用于远红外辐射的探测技术中。

在和频振荡中，输入的光波有两种不同的频率，即

$$\omega_1 + \omega_2 = \omega_3, \omega_1 \neq \omega_2 \tag{3.9}$$

因此，和频过程可以在倍频技术不能达到的某个短波长处实现相干辐射。例如，对于 Nd：YAG 激光的 1 064 nm 和 1 318 nm 的两个波长，倍频技术只能实现绿光（532 nm）或红光（659 nm）输出，而对某些应用所需要的黄光（588 nm）相干辐射，就必须采用 1 061 nm 与 1 318 nm 的和频技术。

1990 年，美国西北大学的 Prem Kumar 证明，利用非线性的和频相互作用可实现压缩态光子的频率上转换，且转换前后光子的量子特性是维持不变的。压缩态光子是量子最小不确定态，需利用非线性光学器件产生，如四波混频、参量转换等系统。

2003 年，美国马萨诸塞州的 M. A. Albota 等人在美国激光与光电子学会会议上第一次报道了单光子水平的频率上转换。他们利用一个输出波长为 1 064 nm，输出功率为 400 mW 的 Nd：YAG 连续激光器作为泵浦源泵浦 1.55 μm 的单光子信号，使用 PPLN 晶体作为非线性介质，采用谐振腔锁定方式获得了超过 20 W 的腔内泵浦功率，并获得了 55% 的整体探测效率。

频率上转换是将低能量光子转换为高能量光子的过程，实质是三波混频的和频产生过程。设有三个光波相互作用，频率关系为 $\omega_3 = \omega_1 + \omega_2$，取 $P^{(2)} = P_{NL}$。除了 ω_1 与 ω_2 之间的和频 ω_3 产生外，还有 ω_1 和 ω_3 之间的差频 ω_2 产生，以及 ω_2 与 ω_3 之间的差频 ω_1 产生的过程，三波互作用的波耦合方程为

$$\frac{dE_1}{dz} = i \frac{\omega_1}{n_1 c} d_{eff} E_2^* E_3 \exp\left[-i\Delta kz \right]$$

$$\frac{dE_2}{dz} = i \frac{\omega_2}{n_2 c} d_{eff} E_1^* E_3 \exp\left[-i\Delta kz \right]$$

$$\frac{dE_3}{dz} = i \frac{\omega_3}{n_3 c} d_{eff} E_1^* E_2 \exp\left[-i\Delta kz \right] \tag{3.10}$$

沿 z 轴方向 ω_1 光子流密度的增加量等于 ω_2 光子流密度的增加量，也等于 ω_3 光子流密度的减少量。或者说，每减少一个 ω_3 的光子，则分别增加一个 ω_1 和 ω_2 的光子；反之亦然。三波耦合方程给出了光子"分裂"与"合成"的关系，包括非线性光学和频与差频效应。根据耦合波方程不难得出：

$$\frac{dI_1(z)}{dz} + \frac{dI_2(z)}{dz} + \frac{dI_3(z)}{dz} = 0 \tag{3.11}$$

尽管光波之间有能量交换，但总能量是守恒的，换言之，能量只在光波之间交换，介质本身无能量变化，只起媒介作用。这正是一切参量作用的特点。

$I_2(z)$ 与 $I_3(z)$ 随作用距离 z 的变化如图 3.30 所示。最初，光波 ω_3 的光强为零，光波 ω_2 的能量便通过自己与强信号光的和频转移给光波 ω_3，并使后者的光强逐渐增大，这正是频

率上转换所需要的。而 ω_2 的光子耗尽时又产生 $\omega_3 - \omega_1 = \omega_2$ 的差频过程，并将其能量转回给光波 ω_2。

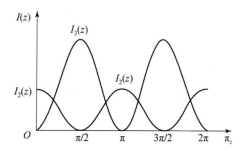

图 3.30　光学和频频率上转换时的光强变化

　　超快光谱技术可用于表征 ps 和 fs 时间尺度上的各种载流子动力学行为和材料的弛豫过程，通常，发光材料的荧光寿命在 ns 量级，量子点的多激子产生与复合发生在 fs – ps 的时间尺度上。如果要测量这些瞬态行为，常规的测量技术（如传统的电子学延时装置）无法分辨纳秒以内的过程。此时，就需要采用飞秒时间分辨光谱技术来测量。

　　频率上转换可以作为超快探测的一种有效手段。例如，用于时间分辨荧光探测，激发样品产生不连续的非相干荧光和超快门控光在时间上和空间上重叠在一个非线性晶体上，满足相位匹配条件时，就会产生和频信号（同样也可以产生差频，此时为下转换）。和频信号与门控光和荧光之间的时间延迟有关。

　　通过改变门控光与激发光之间的相对延时，就相当于在不同延时时间打开了光门，从而能够探测和频信号随时间变化的轨迹。由于门控光强度在测量过程中保持不变，所以，和频信号的强度就正比于所测样品荧光信号的强度，通过对样品的荧光和门控光强度进行卷积计算就能得到和频信号的强度。

　　这种光学开关技术的优势是时间分辨率由脉冲宽度（泵浦脉冲和门控光脉冲）来决定，可用系统响应函数（IRF）表示（与泵浦脉冲和门控脉冲相关）。对于小于 100 fs 的短脉冲，由于只要门控光和样品的荧光满足时间和空间上的重合条件，和频信号就可以在晶体的整个厚度范围内产生，非线性晶体的厚度通常小于 1 mm。通常利用高非线性系数的周期极化晶体产生和频效应，如铌酸锂（PPLN）、钽酸锂（PPLT）、磷酸氧钛钾（PPKTP）等。

　　除此之外，半导体纳米线因其能级结构在纳米尺度上会展现出与宏观尺度不同的特殊变化，产生独特的光学性质，特别是它与强场脉冲相互作用会产生场增强效应。半导体纳米线具有较高的光吸收效率，同时具备较高的非线性转换效率，是实现频率上转换的新型材料之一。

　　飞秒激光具有极高的峰值功率，因此飞秒激光作为激发光源时，半导体纳米线材料的非线性效应会得到显著增强，进而产生丰富的频率变换信号；同时，飞秒激光热效应较小，可以最大限度地保护纳米结构不受损伤。其中的砷化镓（GaAs）具有较高的电子迁移率、非线性系数和光损伤阈值，禁带宽度为 1.42 eV，其光响应波段位于可见光和近红外区域，具有宽带倍频与宽带和频特性，可为频率上转换提供非线性变换。

　　频率上转换的实用价值还在于它提供了一种探测红外辐射的手段。常规的红外探测器效率低，而且要在低温下工作。通过频率上转换，可以把低频信号转换成高频信号，那么通过这种方法就可以将红外信号转换到可见光区或近可见光区，从而可用效率高、速度快的室温运转的光电倍增管或光电二极管等探测器来进行探测。一般情况下，上转换效率较低，但在某些情况下，转换效率却可达到很高的数值。例如，用 0.694 3 μm 的红宝石光泵浦 LiIO₃ 晶体，可将 3.39 μm 的光转换成高频光，其光子转换效率可以接近 100%。

参考文献

[1] KALUPKA C, FINGER J, REININGHAUS M. Time − resolved investigations of the non − thermal ablation process of graphite induced by femtosecond laser pulses [J]. Journal of Applied Physics, 2016, 119 (15)：153105.

[2] HEBEISEN C T, SCIAINI G, HARB M, et al. Direct visualization of charge distributions during femtosecond laser ablation of a Si (100) surface [J]. Physical Review B, 2008, 78 (8)：081403.

[3] AXENTE E, NOËL S, HERMANN J, et al. Subpicosecond laser ablation of copper and fused silica：Initiation threshold and plasma expansion [J]. Applied Surface Science, 2009, 255 (24)：9734 − 9737.

[4] MARGETIC V, PAKULEV A, STOCKHAUS A, et al. A comparison of nanosecond and femtosecond laser − induced plasma spectroscopy of brass samples [J]. Spectrochimica Acta Part B：Atomic Spectroscopy, 2000, 55 (11)：1771 − 1785.

[5] SMIJESH N, PHILIP R. Emission dynamics of an expanding ultrafast − laser produced Zn plasma under different ambient pressures [J]. Journal of Applied Physics, 2013, 114 (9)：093301.

[6] STOIAN R, ROSENFELD A, ASHKENASI D, et al. Surface Charging and Impulsive Ion Ejection during Ultrashort Pulsed Laser Ablation [J]. Physical Review Letters, 2002, 88 (9)：097603.

[7] YE M, GRIGOROPOULOS C P. Time − of − flight and emission spectroscopy study of femtosecond laser ablation of titanium [J]. Journal of Applied Physics, 2001, 89 (9)：5183 − 5190.

[8] ZHANG Z, VANROMPAY P A, NEES J A, et al. Multi − diagnostic comparison of femtosecond and nanosecond pulsed laser plasmas [J]. Journal of Applied Physics, 2002, 92 (5)：2867 − 2874.

[9] DONNELLY T, LUNNEY J G, AMORUSO S, et al. Angular distributions of plume components in ultrafast laser ablation of metal targets [J]. Applied Physics A, 2010, 100 (2)：569 − 574.

[10] SUN C K, CHOI H K, WANG C A, et al. Studies of carrier heating in InGaAs/AlGaAs strained − layer quantum well diode lasers using a multiple wavelength pump probe technique [J]. Applied Physics Letters, 1993, 62 (7)：747 − 749.

[11] GOULIELMAKIS E, LOH Z H, WIRTH A, et al. Real − time observation of valence electron motion [J]. Nature, 2010, 466 (7307)：739 − 743.

[12] ZEWAIL A H. Laser femtochemistry [J]. Science, 1988, 242 (4886)：1645 − 1653.

［13］HOCKETT P, BISGAARD C Z, CLARKIN O J, et al. Time – resolved imaging of purely valence – electron dynamics during a chemical reaction ［J］. Nature Physics, 2011, 7 (8): 612 –615.

［14］GENGLER R Y, BADALI D S, ZHANG D, et al. Revealing the ultrafast process behind the photoreduction of graphene oxide ［J］. Nature Communications, 2013, 4: 2560.

［15］WANG H, ZHANG C, RANA F. Ultrafast dynamics of defect – assisted electron – hole recombination in monolayer MoS$_2$ ［J］. Nano Letters, 2015, 15 (1): 339 –345.

［16］Femtochemistry: Atomic – Scale Dynamics of the Chemical Bond Using Ultrafast Lasers (Nobel Lecture) ［J］. Angewandte Chemie International Edition, 2000, 39 (15): 2586 –2631.

［17］CHOI T Y, GRIGOROPOULOS C P. Plasma and ablation dynamics in ultrafast laser processing of crystalline silicon ［J］. Journal of Applied Physics, 2002, 92 (9): 4918 –4925.

［18］MINGAREEV I, HORN A. Time – resolved investigations of plasma and melt ejections in metals by pump – probe shadowgrpahy ［J］. Applied Physics A, 2008, 92 (4): 917.

［19］DOMKE M, RAPP S, SCHMIDT M, et al. Ultrafast pump – probe microscopy with high temporal dynamic range ［J］. Optics Express, 2012, 20 (9): 10330 –10338.

［20］AUDEBERT P, DAGUZAN P, DOS SANTOS A, et al. Space – time observation of an electron gas in SiO$_2$ ［J］. Physical Review Letters, 1994, 73 (14): 1990 –1993.

［21］SUN Q, JIANG H, LIU Y, et al. Measurement of the collision time of dense electronic plasma induced by a femtosecond laser in fused silica ［J］. Optics Letters, 2005, 30 (3): 320 –322.

［22］VELPULA P K, BHUYAN M K, COURVOISIER F, et al. Spatio – temporal dynamics in nondiffractive Bessel ultrafast laser nanoscale volume structuring ［J］. Laser & Photonics Reviews, 2016, 10 (2): 230 –244.

［23］MAO X, MAO S S, RUSSO R E. Imaging femtosecond laser – induced electronic excitation in glass ［J］. Applied Physics Letters, 2003, 82 (5): 697 –699.

［24］WANG Z, ZENG B, LI G, et al. Time – resolved shadowgraphs of transient plasma induced by spatiotemporally focused femtosecond laser pulses in fused silica glass ［J］. Optics Letters, 2015, 40 (24): 5726 –5729.

［25］YU Y, JIANG L, CAO Q, et al. Ultrafast imaging the light – speed propagation of a focused femtosecond laser pulse in air and its ionized electron dynamics and plasma – induced pulse reshaping ［J］. Applied Physics A, 2016, 122 (3): 205.

［26］YU Y, JIANG L, CAO Q, et al. Pump – probe imaging of the fs – ps – ns dynamics during femtosecond laser Bessel beam drilling in PMMA ［J］. Optics Express, 2015, 23 (25): 32728 –32735.

［27］SIEGEL J, PUERTO D, GAWELDA W, et al. Plasma formation and structural modification below the visible ablation threshold in fused silica upon femtosecond laser irradiation ［J］. Applied Physics Letters, 2007, 91 (8): 082902.

［28］ PUERTO D, GAWELDA W, SIEGEL J, et al. Transient reflectivity and transmission changes during plasma formation and ablation in fused silica induced by femtosecond laser pulses ［J］. Applied Physics A, 2008, 92 （4）: 803.

［29］ PUERTO D, SIEGEL J, GAWELDA W, et al. Dynamics of plasma formation, relaxation, and topography modification induced by femtosecond laser pulses in crystalline and amorphous dielectrics ［J］. Journal of the Optical Society of America B, 2010, 27 （5）: 1065 - 1076.

［30］ MOUSKEFTARAS A, RODE A V, CLADY R, et al. Self - limited underdense microplasmas in bulk silicon induced by ultrashort laser pulses ［J］. Applied Physics Letters, 2014, 105 （19）: 191103.

［31］ CHANAL M, FEDOROV V Y, CHAMBONNEAU M, et al. Crossing the threshold of ultrafast laser writing in bulk silicon ［J］. Nature Communications, 2017, 8 （1）: 773.

［32］ JIA T Q, CHEN H X, HUANG M, et al. Ultraviolet - infrared femtosecond laser - induced damage in fused silica and CaF_2 crystals ［J］. Physical Review B, 2006, 73 （5）: 054105.

［33］ MOUSKEFTARAS A, GUIZARD S, FEDOROV N, et al. Mechanisms of femtosecond laser ablation of dielectrics revealed by double pump - probe experiment ［J］. Applied Physics A, 2013, 110 （3）: 709 - 715.

［34］ ZHANG N, ZHU X, YANG J, et al. Time - Resolved Shadowgraphs of Material Ejection in Intense Femtosecond Laser Ablation of Aluminum ［J］. Physical Review Letters, 2007, 99 （16）: 167602.

［35］ HU H, WANG X, ZHAI H, et al. Generation of multiple stress waves in silica glass in high fluence femtosecond laser ablation ［J］. Applied Physics Letters, 2010, 97 （6）: 061117.

［36］ WANG G, YU Y, JIANG L, et al. Cylindrical shockwave - induced compression mechanism in femtosecond laser Bessel pulse micro - drilling of PMMA ［J］. Applied Physics Letters, 2017, 110 （16）: 161907.

［37］ HU H, WANG X, ZHAI H. High - fluence femtosecond laser ablation of silica glass: effects of laser - induced pressure ［J］. Journal of Physics D: Applied Physics, 2011, 44 （13）: 135202.

［38］ POTEMKIN F V, MAREEV E I, PODSHIVALOV A A, et al. Laser control of filament - induced shock wave in water ［J］. Laser Physics Letters, 2014, 11 （10）: 106001.

［39］ VEYSSET D, MAZNEV A A, PEZERIL T, et al. Interferometric analysis of laser - driven cylindrically focusing shock waves in a thin liquid layer ［J］. Scientific Reports, 2016, 6 （1）: 24.

［40］ WU Z, ZHU X, ZHANG N. Time - resolved shadowgraphic study of femtosecond laser ablation of aluminum under different ambient air pressures ［J］. Journal of Applied Physics, 2011, 109 （5）: 053113.

［41］ HU H, LIU T, ZHAI H. Comparison of femtosecond laser ablation of aluminum in water and in air by time - resolved optical diagnosis ［J］. Optics Express, 2015, 23 （2）: 628 - 635.

［42］ BOUERI M, BAUDELET M, YU J, et al. Early stage expansion and time – resolved spectral emission of laser – induced plasma from polymer ［J］. Applied Surface Science, 2009, 255 (24): 9566 – 9571.

［43］ ZENG X, MAO X L, GREIF R, et al. Experimental investigation of ablation efficiency and plasma expansion during femtosecond and nanosecond laser ablation of silicon ［J］. Applied Physics A, 2005, 80 (2): 237 – 241.

［44］ ZHANG H, ZHANG F, DU X, et al. Influence of laser – induced air breakdown on femtosecond laser ablation of aluminum ［J］. Optics Express, 2015, 23 (2): 1370 – 1376.

［45］ MAO S S, QUÉRÉ F, GUIZARD S, et al. Dynamics of femtosecond laser interactions with dielectrics ［J］. Applied Physics A, 2004, 79 (7): 1695 – 1709.

［46］ COUAIRON A, MYSYROWICZ A. Femtosecond filamentation in transparent media ［J］. Physics Reports, 2007, 441 (2): 47 – 189.

［47］ AUDEBERT P, DAGUZAN P, Dos Santos A, et al. Space – time observation of an electron gas in SiO_2 ［J］. Physical Review Letters, 1994, 73 (14): 1990 – 1993.

［48］ SEDOV L I. Similarity and Dimensional Methods in Mechanics ［M］. Carabas: CRC Press, 1993.

［49］ ALBERT O, ROGER S, GLINEC Y, et al. Time – resolved spectroscopy measurements of a titanium plasma induced by nanosecond and femtosecond lasers ［J］. Applied Physics A, 2003, 76 (3): 319 – 323.

［50］ AMORUSO S, BRUZZESE R, SPINELLI N, et al. Generation of silicon nanoparticles via femtosecond laser ablation in vacuum ［J］. Applied Physics Letters, 2004, 84 (22): 4502 – 4504.

［51］ AMORUSO S, AUSANIO G, BRUZZESE R, et al. Femtosecond laser pulse irradiation of solid targets as a general route to nanoparticle formation in a vacuum ［J］. Physical Review B, 2005, 71 (3): 033406.

［52］ GROJO D, HERMANN J, PERRONE A. Plasma analyses during femtosecond laser ablation of Ti, Zr, and Hf ［J］. Journal of Applied Physics, 2005, 97 (6): 063306.

［53］ SCUDERI D, ALBERT O, MOREAU D, et al. Interaction of a laser – produced plume with a second time delayed femtosecond pulse ［J］. Applied Physics Letters, 2005, 86 (7): 071502.

［54］ NOËL S, HERMANN J, ITINA T. Investigation of nanoparticle generation during femtosecond laser ablation of metals ［J］. Applied Surface Science, 2007, 253 (15): 6310 – 6315.

［55］ ANOOP K K, NI X, BIANCO M, et al. Two – dimensional imaging of atomic and nanoparticle components in copper plasma plume produced by ultrafast laser ablation ［J］. Applied Physics A, 2014, 117 (1): 313 – 318.

［56］ AXENTE E, NOËL S, HERMANN J, et al. Correlation between plasma expansion and damage threshold by femtosecond laser ablation of fused silica ［J］. Journal of Physics D:

Applied Physics, 2008, 41 (10): 105216.

[57] CAO Z, JIANG L, WANG S, et al. Influence of electron dynamics on the enhancement of double – pulse femtosecond laser – induced breakdown spectroscopy of fused silica [J]. Spectrochimica Acta Part B: Atomic Spectroscopy, 2018, 141: 63 – 69.

[58] AMORUSO S, BRUZZESE R, WANG X, et al. Propagation of a femtosecond pulsed laser ablation plume into a background atmosphere [J]. Applied Physics Letters, 2008, 92 (4): 041503.

[59] NAKIMANA A, TAO H, GAO X, et al. Effects of ambient conditions on femtosecond laser – induced breakdown spectroscopy of Al [J]. Journal of Physics D: Applied Physics, 2013, 46 (28): 285204.

[60] HARILAL S S, FARID N, FREEMAN J R, et al. Background gas collisional effects on expanding fs and ns laser ablation plumes [J]. Applied Physics A, 2014, 117 (1): 319 – 326.

[61] MATEO M P, PIÑON V, ANGLOS D, et al. Effect of ambient conditions on ultraviolet femtosecond pulse laser induced breakdown spectra [J]. Spectrochimica Acta Part B: Atomic Spectroscopy, 2012, 74 – 75: 18 – 23.

[62] ANOOP K K, HARILAL S S, PHILIP R, et al. Laser fluence dependence on emission dynamics of ultrafast laser induced copper plasma [J]. Journal of Applied Physics, 2016, 120 (18): 185901.

[63] HARILAL S S, DIWAKAR P K, POLEK M P, et al. Morphological changes in ultrafast laser ablation plumes with varying spot size [J]. Optics Express, 2015, 23 (12): 15608 – 15615.

[64] AMORUSO S, BRUZZESE R, WANG X. Plume composition control in double pulse ultrafast laser ablation of metals [J]. Applied Physics Letters, 2009, 95 (25): 251501.

[65] SEMEROK A, DUTOUQUET C. Ultrashort double pulse laser ablation of metals [J]. Thin Solid Films, 2004, 453 – 454: 501 – 505.

[66] HARILAL S S, DIWAKAR P K, HASSANEIN A. Electron – ion relaxation time dependent signal enhancement in ultrafast double – pulse laser – induced breakdown spectroscopy [J]. Applied Physics Letters, 2013, 103 (4): 041102.

[67] PENCZAK J, KUPFER R, BAR I, et al. The role of plasma shielding in collinear double – pulse femtosecond laser – induced breakdown spectroscopy [J]. Spectrochimica Acta Part B: Atomic Spectroscopy, 2014, 97: 34 – 41.

[68] ZHAO X, SHIN Y C. Laser – plasma interaction and plasma enhancement by ultrashort double – pulse ablation [J]. Applied Physics B, 2015, 120 (1): 81 – 87.

[69] HU Z, SINGHA S, LIU Y, et al. Mechanism for the ablation of Si ⟨111⟩ with pairs of ultrashort laser pulses [J]. Applied Physics Letters, 2007, 90 (13): 131910.

[70] SINGHA S, HU Z, GORDON R J. Ablation and plasma emission produced by dual femtosecond laser pulses [J]. Journal of Applied Physics, 2008, 104 (11): 113520.

[71] XIA B, JIANG L, LI X, et al. High aspect ratio, high – quality microholes in PMMA: a

comparison between femtosecond laser drilling in air and in vacuum [J]. Applied Physics A, 2015, 119 (1): 61 –68.

[72] ZHANG J, CHEN Y, HU M, et al. An improved three – dimensional two – temperature model for multi – pulse femtosecond laser ablation of aluminum [J]. Journal of Applied Physics, 2015, 117 (6): 063104.

[73] BONSE J, KRÜGER J. Pulse number dependence of laser – induced periodic surface structures for femtosecond laser irradiation of silicon [J]. Journal of Applied Physics, 2010, 108 (3): 034903.

[74] TSIBIDIS G D, FOTAKIS C, STRATAKIS E. From ripples to spikes: A hydrodynamical mechanism to interpret femtosecond laser – induced self – assembled structures [J]. Physical Review B, 2015, 92 (4): 041405.

[75] VÁZQUEZ de ALDANA J R, MÉNDEZ C, ROSO L. Saturation of ablation channels micro – machined in fused silica with many femtosecond laser pulses [J]. Optics Express, 2006, 14 (3): 1329 –1338.

[76] HAN W, JIANG L, LI X, et al. Continuous modulations of femtosecond laser – induced periodic surface structures and scanned line – widths on silicon by polarization changes [J]. Optics Express, 2013, 21 (13): 15505 –15513.

[77] JIAO L S, NG E Y K, ZHENG H Y, et al. Theoretical study of pre – formed hole geometries on femtosecond pulse energy distribution in laser drilling [J]. Optics Express, 2015, 23 (4): 4927 –4934.

[78] ZHANG J, DREVINSKAS R, BERESNA M, et al. Polarization sensitive anisotropic structuring of silicon by ultrashort light pulses [J]. Applied Physics Letters, 2015, 107 (4): 041114.

[79] JIANG L, WANG A, LI B, et al. Electrons dynamics control by shaping femtosecond laser pulses in micro/nanofabrication: modeling, method, measurement and application [J]. Light: Science & Applications, 2018, 7 (2): 17134.

第 4 章
超快动力学过程高时空分辨四维电子探测

4.1 原子尺度的时间分辨率

第 3 章重点阐述了时间分辨光学探测技术，那么如何进一步提高空间分辨率呢？如何实现纳米量级的时间分辨探测呢？受到关于小跑中的马的四蹄是否会在某时刻同时抬起脱离地面的争论启发，以此作为出发点，我们先回顾一百多年以前由摄影师 Eadweard Muybridge（埃德沃德·迈布里奇）设计的一系列定格摄影的实验[1]。

迈布里奇于 1872 年开始了他的相关研究工作。他认为利用能够获取足够清晰图像的照相机快门和胶卷对快速小跑的马拍照就能回答以上问题。小跑的步伐是成对角的两只马蹄成对移动，因此小跑是一种平坦稳定的移动。作为对照，狂奔是一种更有活力的跳跃式移动，它的每一个步伐都是为了在短距离内获取最大速度。后来迈布里奇对每种步态都做了详细的说明，他的书面报道清楚地表明了对小跑的兴趣是其研究的出发点。

通过考虑所需的空间分辨率及马的速度，我们可以估算迈布里奇的照相机快门所需的打开时间 Δt。对于一张清晰完整的马腿照片，$\Delta x = 1$ cm 的空间分辨率已足够。也就是说，相对问题中涉及的尺寸大小（包括马腿长及完成一次步伐的前进距离）而言，1 cm 长度很小。如果马的运动速度为 $v \approx 10$ m/s，其腿的移动速度有时要比这个速度快好几倍。那么利用关系式 $\Delta x = v\Delta t$，可得 $\Delta t = \Delta x/v = 10^{-3}$ s $= 1$ ms。

迈布里奇的确能实现获取小跑中的马四只蹄子都腾空的照片所需的曝光时间，获得这一成功后，迈布里奇花了很多年对运动中的动物和人进行摄像的研究，他先在帕洛阿尔托农场待了一段时间，后来转到了宾夕法尼亚大学进行研究，最后用毫秒级的摄影速度，记录下马奔跑时四蹄腾空这一事实。

4.2 从定格摄影到超快成像

由 Leland Stanford 资助的迈布里奇在斯坦福的帕洛阿尔托农场进行的实验被记录在斯坦福大学校园内的一个匾牌上以作为纪念，如图 4.1 所示。在这些研究中，迈布里奇不仅试图获取最初引起他兴趣的问题所需的单张照片，还想将动物前进时腿移动的整个过程纪实性地记录下来[2]。

图 4.1　1929 年竖立在斯坦福大学的匾牌，用于纪念迈布里奇 1878—1879 年间在斯坦福的帕洛阿尔托农场中所做的动态照相研究

为了精确控制拍照的时间，最初他沿着农场跑道等间距地放置了一系列照相机，如图 4.2 所示，每台照相机的快门由跨越跑道横拉在照相机前面的线触发。因此当马以速度 v 沿着跑道跑过时，就可记录下一系列照片。与第 i 张照片相对应的时刻可由 d_i/v 进行估算。其中 d_i 为马的出发点到第 i 个照相机的距离。相邻两张图片之间的时间间隔 $\Delta t = \Delta d/v$，其中 $\Delta d = d_{i+1} - d_i$，因此 1 s 内的照片数为 $v/\Delta d$。

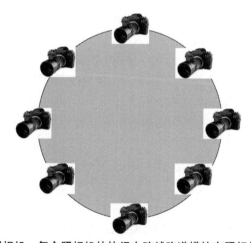

图 4.2　一系列相机，每个照相机的快门由跨越跑道横拉在照相机前面的线触发

尽管对这一系列图片的绝对时间划分 Δt 是不完善的，它还与马从一台照相机运动到另一台照相机的速度有关，但是所获得的图片已经能够对运动进行详细分析了。由这种方法获得的图片时刻表的不精确受到了一些人的批判，因此在其后来的研究中，迈布里奇利用发条装置对照相机的快门进行顺次触发，实现了照片之间的等时间间隔 Δt。可以看到图 4.3 右上角照片中的马四只蹄同时腾空。

图 4.3　迈布里奇在宾夕法尼亚大学研究时（1884—1885）对小跑中的马拍摄的一系列照片，相邻图片间的时间间隔均为 0.052 s

迈布里奇还发明了一种用于投放所得的系列图片以产生动态演示效果的装置。这代表了动画技术发展的最早阶段。他将此装置命名为动物实验镜，该装置使用了一个投影灯、一系列反转图，以及一个用于制造静止明亮的照片连续快速移动的效果和中间周期性黑暗效果的快门圆盘。图片以大于每秒 20 张的速度播放，观察者对上一张图片的视觉印象在周期性黑暗时期一直保持到下一张图片出现，因此产生了所期望的连续动态画面的视觉效果。在迈布里奇那个时代，众所周知的用于连续播放的更简单的装置叫作西洋镜。它由一个围绕其轴自转的圆柱体组成，该圆柱体的侧面刻有一系列等间距的缝隙，通过这些缝隙能对放于相对的内表面上的图片依次进行快速浏览，从而产生连续动态的视觉印象[1,3]。

1882 年 3 月 13 日，迈布里奇应邀到伦敦的皇家学会做演讲以说明他的动物实验镜，之后他将该装置捐赠给皇家学会。在迈布里奇的听众中，有威尔士王子、英国首相 W. E. Gladstone（格莱斯顿）、T. H. Huxley、James Dewar、Lord Tennyson，以及 John Tyndall（法拉第讲席的继任人）[4,5]。

1991 年 3 月，Zewail 教授在皇家学会的法拉第讲座做演讲时（那一次由 JMT 主持），为了解释冻结运动这一概念，使用放在皇家学会档案馆里的迈布里奇装置展示了运动中的马，然后将该装置的时间分辨率与截然不同的飞秒时间分辨率进行了对比。前者播放速度为每秒钟 20 张图，将运动放慢为原来的 1/50，后者则将运动放慢为接近原来的 $1/10^{14}$，而这种分辨率正是对讲座的主题"原子运动"做记录所需要的[2,3]。

与迈布里奇同时代，在法兰西学院当教授的法国人 Etienne – Jules Marey（马雷）也致力于对运动中的人和动物进行摄像的研究。例如，猫的正位反射本领是指当猫从高处掉下来时它能够在空中旋转使落到地上时双脚着地，因此一般不会受伤。迈布里奇是专业的摄影师，他对解剖学没有兴趣。与迈布里奇不同的是，马雷在医学、航空领域也颇有成就，甚至可以说正是由于他在医学领域对动物运动方式迫切的研究需要，才促成了后来他在摄影方面的建树。

马雷发明了连续摄影术。该技术通过一个照相机使用旋转的带槽圆盘快门拍下了一系列等时间间隔的图片。这种技术的基本思想与快门频闪观测仪相似，后者是早于 1832 年建立概念的，相关的闪光管型频闪观测仪将在后文进行讨论。图片要么记录在一张感光片上，要么记录在一个胶卷带上，这就是现代电影摄制术的前驱。

另一种研究快速运动的方法是使用短时发光的闪光灯，这种灯使在黑暗中移动的物体只有在发出光脉冲的瞬间才能被探测器探测到，其中探测器可以是观察者的眼睛，也可以是感光片等。该方法已经被证明能够获得比快门的最小值还要小很多的时间分辨率。因此，光脉冲 Δt 在这里的意义与照相机快门的打开时间的意义相同。能够产生一系列短时光脉冲的装置为频闪观测仪（Stroboscope，strobos 来源于"旋转"的希腊单词，scope 来源于"观测"的希腊单词，该装置最初是为了观察旋转物体而设置的），配上一个具有快门开关的照相机，以及恰当选择光脉冲的脉宽，频闪观测仪就可以获得运动速度快如子弹的物体时间分辨率足够高的图片[6]。

在 19 世纪中叶，快速运动的电火花闪光照相已经出现，并用于定格捕捉高速运动。在 20 世纪中叶，Harold Edgerton 制备了一种能够产生稳定的可重复的脉宽为微秒量级的短时光脉冲链的电子闪光仪器。此工作成果极大地推进了频闪观测仪照相技术的发展。Harold Edgerton 是麻省理工学院的教授，也是 EG&G 公司的联合创始人。他和 EG&G 公司根据光学原理发明了一种不需任何运动部件的照相机快门，这种快门的开关速度比任何传统的机械快门都要快得多。

图 4.4 给出了用频闪观测仪对快速运动的物体进行拍照的例子，即下落过程中苹果的一系列具有精确时间的图片。苹果运动速度 $v \leqslant 5$ m/s，对于一张清晰的图片，其空间分辨率 $\Delta x \approx$ 1 mm，那么根据式 $\Delta x = v \Delta t$，可以算出所需要的闪光持续时间为 $\Delta t \approx$（1 mm）/（5 m/s）= 2 × 10^{-4} s 或者更小，但这远在频闪观测仪的时间分辨率范围之内。整个时间轴完全由电子闪光计时器定义。图 4.4 显示了苹果在重力作用下的加速过程，通过分析连续拍照下每次闪光时间内苹果的位移大小可以进行一些定量计算。

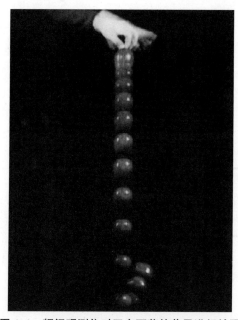

图 4.4　频闪观测仪对正在下落的苹果进行拍照

根据牛顿定律，初始时刻 $t = 0$，速度和位移均为 0，加速度为 a 的匀加速运动的位移公式为

$$x = \frac{1}{2}at^2 \tag{4.1}$$

因此，若闪光时间间隔为常数 τ，那么在苹果落到桌面上并反弹前，相邻图片表示的位移的差值（即苹果在相邻闪光的时间间隔内发生的位移）是均匀增加的。通过计算分析可知，以时间为横轴画出的位移差曲线斜率为 $g\tau$，其中 g 为重力加速度（值约为 $9.8\ \mathrm{m/s^2}$）。假设图 4.4 中苹果的初始高度为 10 cm，根据上述分析，可得 $\tau \approx 0.04$ s，相应的闪光频率为每秒 25 次。以上实验是伽利略在 1604 年及后来所做的实验的现代版本。为了得到著名的抛体运动方程，伽利略用水钟或者钟摆来记录从斜板上滚下来的球在相等时间间隔内走过的位移。他的原始仪器陈列在佛罗伦萨的一个博物馆中[7]。

如果以上思想能够直接应用到对原子运动的研究中，那么超快记录所需的条件就显而易见。分子体系中原子运动的位移变化一般在几埃量级，要想获得运动过程的详细信息，图片的空间分辨率 Δx 应小于 1Å，此精度比迈布里奇需要的高 8 个数量级以上，分子转化反应中原子的运动速度为 1 000 m/s，因此观测该反应过程所需的时间分辨率为 $\Delta t = (0.1\text{Å})/(1\ 000\ \mathrm{m/s}) = 10^{-14}\ \mathrm{s} = 10\ \mathrm{fs}$。自从 20 世纪 30 年代，理论上就将飞秒认定为分子转化反应的时间尺度。

如前所述，随着飞秒化学的发展，20 世纪 80 年代首次实现了直接对过渡态的研究，如此小的时间和空间尺度意味着分子尺度上的各种现象遵从量子力学原理。用飞秒激光脉冲瞬时照射分子或其他样品可出现类似于频闪观测仪闪光或照相机快门打开的效果。因此利用飞秒激光器输出的脉冲及选择合适的探测器，可以获取分子系统结构重排过程中的某些特殊的高分辨率结构图像，正如迈布里奇抓取到四蹄腾空的马的图像。

然而，在飞秒化学中通常采用光谱仪、质谱仪或光电子谱仪进行探测，因此只有对检测到的信号进行频谱分析，才能获取原子位移变化的信息。

而对于我们的主题——实空间成像与衍射技术，可以获得真实的结构。因为该技术所用的闪光脉冲由超快电子束构成，与光波不同，电子的德布罗意波长比原子间距还要短。一般而言，产生光谱的光脉冲和产生图像的电子束脉冲都叫作探测脉冲，因为它们对系统的探测作用正如图 4.3 中照相机快门打开以探测马的步伐和图 4.4 中频闪观测仪闪光以探测苹果的位置一样。用以上脉冲对原子运动定格并且获取分子或材料体系的瞬态结构是超快成像的基础，从下面的讨论将看到这种方法的原理与传统的超快技术截然不同，可以观测原子运动的动画片，图片为相应过程的不同阶段系统的结构图片。由时间分辨率为 10 fs 可知，在图 4.5 所示的分子电影中的图片数应多达每秒 10^{14} 张。

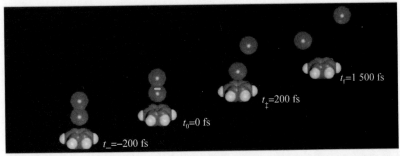

图 4.5　两分子反应过程中原子的运动，在上方的双原子碘分子通过与苯分子交换一个电子而分裂

当然，探测并不是全部内容，对于任何一个运动全过程，探测之前首先要触发运动，该运动需持续一段时间以便获取一系列的探测快照。

在对马和苹果的拍照中，两种过程的触发分别是通过打开栅栏门和释放苹果来完成的，然后通过一些时间上相隔很近的探测序列来捕捉这些运动。对于超快过程记录，类似的操作通过使用飞秒初始化脉冲（也叫作时钟脉冲或者泵浦脉冲）已经得以实现，其方法为将上述脉冲照射到分子或材料体系上，就可使系统沿着它的路径开始演化。这种方法建立了之后发生的过程的时间参考点即时间零点，从同一脉冲源分出两束脉冲，一束作为时钟脉冲，另一束作为探测脉冲，两束脉冲经过不同的路径到达样品，使其中一束脉冲的路径可调就可实现探测脉冲相对时间参考点的时间的控制。图 4.6 为时钟脉冲和探测脉冲的光路图。两束脉冲的光程差除以大小约为 300 000 km/s（实际为 299 792 km/s）的光速常量所得的值就是对应探测光谱在由时钟脉冲建立的时间轴上的位置。当将电子束脉冲和光脉冲应用到成像中时，我们就必须考虑费米子和玻色子的行为特征及不同速度的情况。

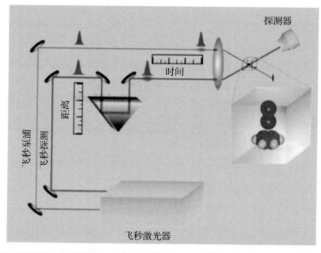

图 4.6 飞秒泵谱探测实验图解（通过改变光程长度来改变探测光相对泵浦光的延时，将飞秒泵浦探测光同时聚焦到有被研究样品的腔室内，探测光的探测方案多种多样）

值得注意的是，超快技术和马、苹果两个例子中所用的相似技术之间的主要差别：在超快技术具有代表性的实验中，为了获取足够强的信号进行适当的分析，对每个启动脉冲需要探测 10 亿甚至万亿的原子或分子，换言之就是不断重复同一个实验探测。用频闪观测仪观测苹果的例子进行解释就是通过拍摄许多苹果或者重复曝光来获取运动中的苹果的不同的照片图像。显然这种方法需要达到两个条件：①为获得最适宜的分辨率，序列探测脉冲发射与苹果释放的同时性误差必须小于或等于探测脉冲脉宽；②每个苹果的初始位置误差要足够小，至少小于苹果直径。

因此，要想同步许多相互独立的原子或分子的运动使得在它们的结构演变过程中所有原子或分子同时达到相同的状态，最终探测到理想的信号，我们必须实现时钟脉冲与探测脉冲的相对时间延迟分辨率达到飞秒量级，以及系统初始位置结构必须精确到纳米量级。只有实现上述的同步性才能避免不同原子或分子产生的信号不具有相干性叠加后掩盖了分子结构信息，按照前文提到的方法产生时钟、探测脉冲以及控制它们之间的时间延迟可以达到所要求的时间精确度。

从图 4.6 以及前文的讨论可以知道 1 μm 精度的光程差对应于分子快照间的 3.3 fs 的时间差，系统初始位置结构定位的精确程度也同样重要。飞秒泵浦脉冲对所有原子或分子进行快照前，这些原子或分子都处于基态，而这些基态本身就具有精确度很高的位置结构定位特征，再加上泵浦脉冲对所有原子或分子同时触发，上述精确度很自然就达到了。此外，飞秒时间尺度上，上述系统或每一个原子分子的波包空间分布具有非常好的局域性，原子运动是相干的，可以用粒子运动轨迹的方法处理。

4.3　单电子成像

1801 年，在托马斯·杨的双缝干涉实验中，光从单个点光源发出，经过开有两道平行缝的不透明挡板，在挡板后面就会产生两束波长和振幅都相同、相位相关的相干光。在到两条缝的距离之差为波长的 $(n+1/2)$ 倍（n 为整数）的点处两叠加场正负相互抵消，总场强一直为零，由这些点形成暗条纹。在其他地方，两光束振幅没有相互抵消，光强不为零。因此在干涉空间用屏幕接收光时，可以得到明暗相间的稳定的干涉光强分布，如图 4.7 所示。

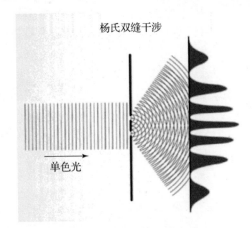

杨氏双缝干涉

单色光

图 4.7　杨氏双缝干涉实验

如果两叠加场强度相同但是相位关系不确定，为非相干光，那么叠加场光强为两光束光强的简单相加，接收屏幕上观测不到干涉条纹。从相同的点光源分出来的光是相干的。当将以上单个点光源换成多个点光源时，在挡板后形成的两束光为部分相干光，因此形成的干涉条纹反衬度会下降。类似地，扩展光源也会降低相衬图像的反衬度。

历史上，双缝实验是对科学作出了重要奠基性贡献的实验之一。这不仅仅是因为它演示了光的干涉现象，还因为其本身的意义。此处我们将讨论单个光子（或电子）极限下双缝衍射实验的神奇现象。受杨氏 1801 年所做的光学实验的启发，J. J. Thomson 基于衍射现象是一种"平均"效应的想法提出降低光强会改变普通的衍射现象。

1989 年日立公司的外村彰（AkiraTonomura，1942 - 2012）团队做了更精确的电子双缝实验。他们得到的干涉图样如图 4.8 所示，每秒约有 1 000 个电子抵达探测屏，电子与电子之间的距离约为 150 km，两个电子同时存在于电子发射器与探测屏之间的概率微乎其微。该图中每一亮点均表示一个电子抵达探测屏。

1909 年，G. I. Taylor 演示了用微弱的光经过三个月的曝光后也可以获得图 4.8 中的干涉现象，重要的是，他并没有意识到爱因斯坦 1905 年的论文中将光描述成粒子（即光子）的做法，以及普朗克早期的量子化工作的重要性。Taylor 将能流为 5×10^{-6} erg/s（尔格每秒，1 尔格 = 100 nJ）的光照射到他所用的感光片上，结果如图 4.8 所示。但是他并没有将光强用光子数描述，如果他理解了普朗克和爱因斯坦的工作并意识到光子和干涉概念的重要性，他应该会采取后一种描述方法。假设他所用光束的光子能量为 2 eV，感光片大小为 5 cm×5 cm，那么前后相邻的光子间距肯定有 10 m，因此任意时刻实验装置中都只有一个光子，光子与自身发生了干涉。

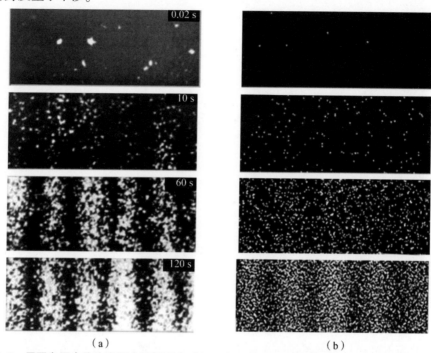

（a）　　　　　　　　　　　　　　　（b）

图 4.8　用弱电子束作为光源在不同曝光时间下产生的杨氏双缝干涉条纹（双棱镜干涉图案）

（a）任意时刻干涉仪中只有一个电子，但随着时间的积累会产生干涉条纹（电子渡越时间比相邻电子撞击到感光片上的时间间隔要短得多，它们的时间尺度分别为 1 μs 和 1 ms）；

（b）Tonomura 及其同事的实验结果

直到 1961 年，蒂宾根大学的克劳斯·约恩松（Claus Jönsson）创先地用双缝实验来检测电子的物理行为，他发现电子也会发生干涉现象。电子的双缝干涉实验现象才被观测到并被报道，实验中将具有大数量电子的电子束作为光源，通过一次只让一个电子通过实验仪器进行干涉实验，我们获得了惊人的结果：仍有可能观测到干涉现象。

1974 年，皮尔·梅利（Pier Merli）在米兰大学的物理实验室里成功地将电子一粒一粒地发射出来。在探测屏上，他也明确地观察到干涉现象。2002 年 9 月，约恩松的电子双缝干涉实验被 *Physics World* 杂志的读者选为最美丽的物理实验。

在讨论电子与光子双缝实验现象的物理意义时，该实验结果被无数次引用，讨论中还提出了很多不同的假想实验（Gedanken experiment），这个双缝实验现象的神奇之处激发了 Richard Feynman 强烈的好奇心，以至于在公共讲座中他总是会提出这样一个问题：这个光子到底是从哪个缝穿过的呢？

——当不确定原理和量子力学的二象性出现时，此现象也逐步为人们所理解。从图 4.8

所示的实验结果，以及随着电子数不断增加逐步建立衍射图案这一事实，我们可以很清楚地看到是不相关电子的空间分布给出探测器上的条纹。

　　不同事件在时域上有其相应的特征分布。在双缝实验和传统的电子显微镜实验中，用显像记录法记录的电子抵达的时间在时域上一般是随机分布的。对于连续波光束，以上分布统计为泊松分布（Poisson Distribution）。在某段时间内也可能发生两个或三个电子的到达时间相互关联，这种相关性可分为三类：零相关、正相关、负相关。零相关对应于随机分布，正相关对应于电子群聚到达，负相关对应于反群聚到达，各种相关关系如图4.9所示。

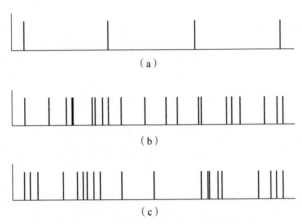

图 4.9　定时电子脉冲和随机（噪声）电子脉冲

（a）到达时间是固定的，且为单电子；（b）到达时间是随机的（零相关）；（c）群聚到达时间（正相关）

　　人们对电子和光子的这些相关性进行了大量研究，研究方法为光子用光学干涉仪，以及电子用双棱镜。四维单电子显微镜的一个特点是可控制每个波包的到达时间。

　　在此首先区分两种比较普遍的高分辨率成像的模式：一种为可逆的或可重复过程的频闪成像；另一种为不可逆过程的单次闪光成像。尽管实空间成像显然要求像的每一个像素至少要有一个电子，但通过同步触发重复过程就可通过一次曝光一个电子构建满足以上要求的像素。我们把一次曝光一个电子获得像素的过程叫作单电子成像，在讨论单电子成像的相关原理之前，有必要介绍一下其涉及的问题。在超快成像中，我们处理的是一系列同步的具有明确相干时间和长度的单电子波包，这些电子波包的特性区别于用于衍射积分成像的连续电子束波包的特性。此外，因为电子是费米子，我们必须考虑泡利不相容原理的影响，以及电子在单次闪光中的行为。归根到底，利用超短脉冲成像是一套完全不同于录像（毫秒或更长）和快电子学手段（微秒到纳秒）的成像方法。

4.4　亮度、相干性和简并度

　　本节将讨论在超快技术中重要的特征参数：相干性、分辨率、平均每个被激发原子或分子接收的光子数。

　　超快成像中的时间特性并不仅仅由脉冲的持续时间决定，还与其相干时间和相干长度有关。变换受限的脉冲是相干的，超快电子波包这一独有的特性正好与快电子脉冲（纳秒或更长时间宽度）相反，而后者则没有这样的相干属性，因此其界限可以如图4.10那样绘制出来，而该图定义了时间分辨率的范围和相干特性。启动脉冲相干性的重要性在于产生空间局限（原子尺度）的波包来保证高分辨率的动力学成像。

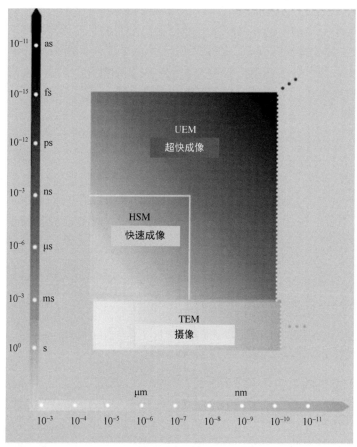

图4.10 电子显微成像系统可以达到的时间和空间分辨率（横轴是空间分辨率，纵轴是时间分辨率，HSM代表高速显微镜，TEM代表透射电子显微镜，UEM代表超快电子显微镜，其他类似技术可以参考此图填入相应位置）

由超快波包相干的讨论可知，纵向相干长度 l_c：只有同一波列分成两部分，经过不同的路程再相遇时，才能发生干涉。由于波列是沿光的传播方向通过空间固定点的，所以时间相干性是光场的纵向相干性。横向相干长度 l_{Tc}：空间相干性描述光场中光的传播路径上横向两点在同一时刻光振动的关联程度。

激光脉冲的时间和纵向相干长度，频宽为 $\Delta\nu$ 的光脉冲其时间相干性具有如下简单关系：

$$\tau_c \approx \Delta\nu^{-1} \tag{4.2}$$

$$l_c \approx c\tau_c \approx c\Delta\nu^{-1}(l_c \equiv \lambda^2/\Delta\lambda) \tag{4.3}$$

其中，l_c 为对应的纵向相干长度；λ 为脉冲的平均波长。如果是电子脉冲，相应的关系式只需做一点修改，即 $\tau_c = l_c/\upsilon$ 和 $l_c = \lambda$ $(E/2\Delta E)$。

对于单色波，理论上讲，τ_c 是"无限"长的；而对于脉冲（群波），τ_c 是有限的。因为一个脉冲的频宽（$\Delta\nu$）是群频率程度的度量，频宽越大，τ_c 越短。

为了测量脉冲的时间相干性，我们利用迈克尔逊干涉仪将脉冲分为两束，在它们之间产生相对延迟后叠加，然后观测它们的干涉条纹，其光路图如图 4.11 所示。

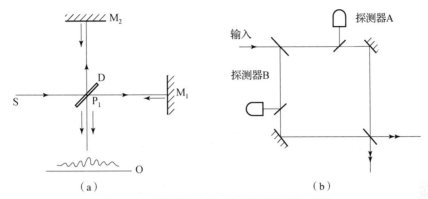

图 4.11　使用干涉仪测量时间相干性和光程

（a）迈克尔逊干涉仪的干涉实验解释说明时间相干性，S 为光源，D 为分束镜，M 为平面镜，O 为观测面。

为了简化，光路中的光程补偿板和光路准直透镜系统没有画出；（b）Mach – Zehnder 干涉仪通过

识别入射光子来实现光路选择，用探测器 A 或 B 记录输出信号

只有当光程差小于某个值时，两束光才能形成干涉条纹，表现出时间相干性。换句话说，相应的最大时间延迟 $\Delta t_{\rm d}$ 给出了频宽为 $\Delta\nu$ 的脉冲的光场相干时间范围，$\Delta\nu$ 表征的是脉冲的单色性。

类似地，纵向相干长度表征的是两束光叠加能产生相干条纹的最大光程差，由式（4.3）可知，$\Delta\nu$ 越大，$l_{\rm c}$ 越小。

例如，对于频宽约为 1 kHz 的激光脉冲，$\tau_{\rm c}\approx 10^{-3}$ s，$l_{\rm c}=c\tau_{\rm c}=c\Delta\nu^{-1}=3\times 10^{8}$ m/s $\times 10^{-3}$ s = 300 km；对于脉宽为 100 fs 的傅里叶变换限制的光脉冲，$\tau_{\rm c}=100\times 10^{-15}$ s，$l_{\rm c}=c\tau_{\rm c}=c\Delta\nu^{-1}=3\times 10^{8}$ m/s $\times 100\times 10^{-15}$ s = 30 μm；而对于脉宽为纳秒的普通脉冲，$\tau_{\rm c}$ 值比它的脉宽还要小，即小于 1 ns，太阳发出的光（即自然光）具有非常宽的光谱范围，其中的非相干光的 $\tau_{\rm c}$ 值一般为飞秒量级甚至更小，这主要取决于过滤得到的频宽 $\Delta\nu$。

激光脉冲的时间和纵向相干长度与横向空间相干面积和长度不同。横向空间相干面积和长度与光传播一段距离后的波阵面保持的程度和采用与杨氏实验相同的方法观测到的干涉条纹有关。

干涉条纹的可见度主要受光源宽度的影响。当光源发射区域由统计上相互独立的原子组成时，不同原子辐射的光是非相干光，因此光源上不同点发出的光为完全非相干的。随着与光源的距离增加，光场产生的粒子相干程度增强。

对于光脉冲而言，以上相干问题就变成脉冲是否从同一脉冲源分离出来和光束的横向模式分布特征问题。对于下面将要讨论的电子束脉冲，它是根据光电效应原理，采用飞秒光脉冲产生具有波包特性的电子束。因此，发射电子束的光电阴极顶端圆盘的有效面积是我们要考虑的参数之一，其他参数还包括波包的传播距离、每束脉冲中的电子数，以及波包与脉冲之间的相干性。

给定直径为 w 的面光源，设在距波源为 L 较远处的波阵面提取出的两个次波源相对光源中心所张的角度为 Θ，则只有当 Θ 满足以下条件时，两个次波源才能在距离为 L 的较远处发生相干叠加产生干涉条纹：

$$w\Theta \leqslant \lambda \qquad (4.4)$$

其中，λ 为平均波长，其定义式为

$$\sin\Theta = \lambda / w \qquad (4.5)$$

相干面积由 $(L\tan\Theta)^2$ 给出，对于小角度的 Θ，横向相干长度为

$$l_c{}^T = L\Theta = (L/w)\lambda \qquad (4.6)$$

相干面积为

$$A_c = (L\Theta)^2 = \left[(L/w)\lambda \right]^2 \qquad (4.7)$$

（1）在考虑相干图像时将会用到以上式子，对于平均波长 λ 为 800 nm、直径为 1 mm 的非相干光源，在 $L=2$ m 处的相干长度为 1.6 mm，即 $l_c = (L/w)\times\lambda = (2\ \text{m}/1\ \text{mm})\times 800\ \text{nm} = 1.6$ mm 和相干面积为 2.6 mm^2，即 $(1.6\ \text{mm})^2$。

（2）太阳光在地球表面上的相干面积为 $10^{-3}\sim 10^{-2}\ \text{mm}^2$，也可用此法对其他星球进行类似的计算。

（3）对于电子，其德布罗意波长很小，在典型的实验条件下其横向相干长度一般为 100 nm 的数量级。

有必要重新强调一下对于单电子波包和多电子脉冲，以及横向与纵向相干性的区别，德布罗意波长比原子间的距离还要小，在皮米量级。但是研究电子衍射现象的一个重要前提是横向相干长度与研究相干散射的样品尺寸在同一量级。

当电子的相干时间 τ_c 比电子束脉冲脉宽 Δt_p 小很多时，电子是非相关的，电子束波包可以看作各个独立电子波包的求和。

若电子束脉冲脉宽 Δt_p 更小，达到飞秒甚至阿秒量级时，相干时间 τ_c 将和脉冲脉宽 Δt_p 同量级，当 $\tau_c = \Delta t_p$ 时，所有波包是相干的。即使在前一种情形下，因为单个电子波包的横向和纵向相干长度（更恰当地说是相干体积）比较大，所以仍然可以实现电子束脉冲衍射和成像。由此我们可以得出一个结论：利用单个电子波包进行的超快成像在每个给定时刻，每个微观体积内都包含有一个电子。因为波包之间的时间间隔（即重复频率）在纳秒到毫秒量级，在第二个电子进入视线之前电子波包已经传播了 2 m～2 km。

而对于频率梳，光学频率梳在频域上表现为具有相等频率间隔的光学频率序列，在时域上表现为具有飞秒量级时间宽度的电磁场振荡包络，其光学频率序列的频谱宽度与电磁场振荡慢变包络的时间宽度满足傅里叶变换关系，相干时间 τ_c 将大于电子束脉宽 Δt_p，由此也开启了用超短电子波研究相位敏感性的新方法。为了以后要讨论的利用电子束波包时间精确度达到阿秒量级的衍射和成像问题，有必要对相干性问题进行全面研究。

对于超短脉冲以及脉冲链，相干可分为三类：①同一束电子束中不同电子的波包干涉；②组成电子束的电子其波函数间的干涉；③脉冲链内具有明确相位关系的相邻脉冲间的干涉。一个极端的例子就是闪光灯发出的光的干涉特性，即不同光子间是非相干的，单个光子具有有限的相干长度，单束光内部没有明显的相干。

用于超快电子成像的电子波包通过飞秒激光触发的光电离或者场发射产生，然后再经过一个静态电场加速。每个飞秒或皮秒量级的电子束脉冲中包含的电子数最少为 1 个，最多可达 10^5 量级，电子束内电子间波函数的相干性由产生脉冲的初始过程及之后的传播过程决定。

相比场辐射相干辐射源而言，在激光出现之前，由传统的灯丝加热法产生的电子束，电

子从以上电极发射出来，其初始态各不相同，且这些初始态服从热力学分布是非相干的，这类似于白炽灯产生的电子。因此传统方法产生的电子束不会发生电子之间的干涉现象。此外，即使同一电子束中的不同电子具有相干初始态，在传播过程中受到强烈的库仑排斥作用后也会导致宏观上的迅速退相干。对于超短电子束脉冲，激发态定位更明确（由激光脉宽决定），而且额外能量可调谐。对于 0.1 eV 能谱宽的脉冲，相干时间与触发脉冲脉宽相当，或更短。

在此处对快速成像（时间尺度为纳秒或更长）与超快成像（时间尺度为皮秒或更短）之间最基本的差别进行讨论显得很有必要。其中一个差别很显然，对于快速成像，由于其精确度不高，它将无法用于对核间运动、相变、瞬态分子结构变化等基本过程的研究。快速成像只能测量物理过程及转换反应速率在大时间尺度上的平均变化，而不能观测原子或分子尺度上的动力学过程。

例如，用环境透射电子显微镜对催化剂进行研究只能提供毫秒到秒的时间尺度上的速率。这种差别使人想到从具有毫秒到微秒尺度的闪光光解过程到具有飞秒尺度的振动和转动的动力学过程的转变。

另一个重要的差别就是利用等时间间隔的单个电子波包同时达到超快时间分辨率和原子尺度上的空间分辨率的能力。因为这些波包脉冲按照频闪的方式工作，所观测的结构应在无脉冲作用的时间内得到恢复，即样品被每一束探测光扫描一次。在使用单个脉冲的实验中，电子被压缩在一个短时包络中。这些电子由于空间电荷效应限制了时间和空间的分辨率，分别为纳秒和亚微米尺度。

快速及超快速成像的相干特性的差别，以及它们各自的时空分辨率差别是另外两个在观测结构变化时需要考虑的问题。首先考虑相干特性问题。前面在讨论时间相干性时用到了一些简单的概念，但为了进行严格的处理，我们必须用著名的相干函数法来进行讨论。下面我们将介绍理论上和实验上是怎样研究激光脉冲的关联时间的。实验上一般将两束脉冲同时入射到非线性晶体中，然后观测产生的二次谐波信号，如图 4.11 和图 4.12 所示。一束波长为 A 的脉冲聚焦穿过一个二次谐波晶体后，波长就会变为原来的一半，在两束入射脉冲时间延迟为 r，且滤去背景光的条件下测得的二次谐波信号与强度为 $I(t)$ 的脉冲自相关函数成比例，归一化后此关系式为 $G(\tau) = <I(t+\tau)I(t)> / <I^2(t)>$，其中尖括号表示在足够长的周期时间内求平均值。若脉冲为单个孤立脉冲，则 $G(\tau)$ 在时间零点取得最大值 1，并随着延迟时间变长逐渐衰减到 0。

光脉冲的产生是超快电镜的一个组成部分，现在的光脉冲在持续时间和稳定性方面都获得了革命性的进展。如同前面所讨论的，非线性光学、计算技术和电子技术等方面的综合进步导致了飞秒和阿秒脉冲的获得，而它们在不同的领域中都作为光源得到利用。现在科学家们已经能够获得这些超快激光和电子脉冲，但是由于现在科学界都竞相达到最短的脉冲持续时间，因此有必要区分"脉冲产生"和利用这些脉冲探索新的科学前沿与获取新的知识之间的关系。

为了产生用于单电子成像的飞秒脉冲，我们提出了一个有质动力偏转方案，以及达到表征电子运动的阿秒时间范畴的方法，如图 4.13 和图 4.14 所示。

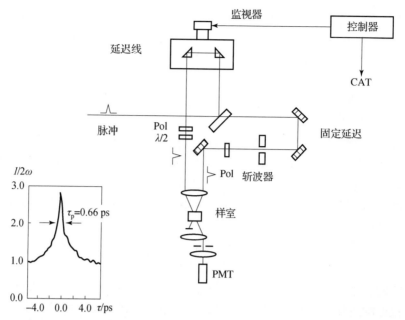

图 4.12 使用干涉仪测量脉冲相干性和宽度（泵浦探测实验装置，可以得到脉冲宽度是 0.66 ps）

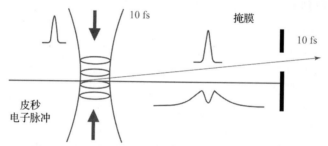

图 4.13 通过有质动力偏转产生飞秒电子脉冲的方案
（利用具有驻波特性的飞秒激光脉冲产生的有质动力使电子偏转）

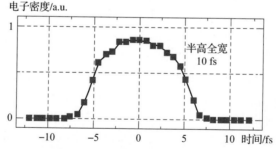

图 4.14 对有质动力作用下的电子的运动方程进行积分的模拟结果
（此结果表明可以获得 10 fs 的电子脉冲）

　　其主要思想为通过光场合成光栅给电子施加一个有质动力，使飞秒电子波包压缩成 15 as 的脉冲链。此处还用到了电子脉冲啁啾和能量筛选。

　　这样的阿秒电子脉冲脉宽远远短于用波长约为 25 nm、光子能量约为 50 eV 的极紫外光作为光源产生脉冲所能达到的最短脉宽。

阿秒电子脉冲在单个原子结构、原子团簇及某些材料中的电子超快动力学过程的显示方面具有潜在应用。这些电子脉冲在成像方面的应用类似于阿秒光脉冲在光谱仪上的应用。

4.5　超快动力学可视化基本装置

在飞秒激光制造过程中，光子主要被电子吸收，随后从电子到离子的能量转移发生在皮秒的时间尺度上。因此，飞秒光子与电子的相互作用主导了整个制造过程，这对制造过程中的电子级测量和控制提出了挑战。四维超快泵浦探测成像技术是理解电子弛豫、载流子动力学和电荷转移等现象的可行解决方案。因此，挑战在于将电子显微镜的原子空间分辨率与时间分辨光谱的超快时间分辨率相结合，设计出一种独特的分析工具，能够同时在空间和时间上提供分子事件的动态信息。在光诱导反应中，通过高时间和空间控制，选择性地观测/调控材料表面的载流动力学是一项特别具有挑战性的任务，只有通过应用具有纳米量级空间和飞秒量级时间分辨率的高时空分辨图像的四维超快电子显微镜（4D UEM）才能实现决议。

虽然激光烧蚀材料会对真空系统造成污染，但 4D UEM 能够很好地实现激光烧蚀前各种现象的观测。此外，当 4D 系统工作在单脉冲模式下时，烧蚀材料的量小且可控。近年来，第二代超快电子显微镜（S - UEM）作为 4D 电子显微镜的一个新方向，发展了 650 fs 和 5 nm 时空分辨率的材料动力学可视化技术。

本节给出了 4D S - UEM 实验设计的描述，如图 4.15 所示，以帮助理解测量实现的方式。4D S - UEM 实验系统集成了飞秒 Clark - MXR 光纤激光器和改进的 FEI Quanta 650 扫描电子显微镜。1 030 nm，270 fs 激光脉冲经过分束器后，直接进入两个独立的谐波发生器（HGs），分别产生二次和三次谐波信号。第一个谐波发生器输出的信号（343 nm 或 515 nm）将直接通过熔融石英窗口，紧紧焦到冷却的肖特基场发射灯丝（氧化锆涂层的钨丝）用于产生电子束脉冲，而第二个谐波发生器输出的 515 nm 信号将作为泵浦脉冲研究光激发下的样品。通过计算机控制的光学延迟线可以精确地调整两个脉冲之间的相对时间。采用正偏压 Everhart - Thornley 探测器采集样品发射的二次电子（SEs）。通过脉冲生成光电子样品成像，标定出其空间分辨率约为 5 nm，其时间分辨率为（650 ± 100）fs。

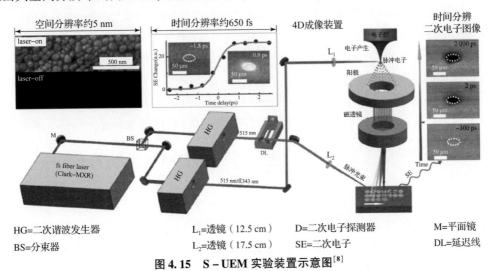

图 4.15　S - UEM 实验装置示意图[8]

4.6 超快动力学可视化机理研究

人们可以根据触发样品动力学的时钟光子脉冲与利用场发射枪进行光激发产生的光电子探测脉冲之间的时间延迟来确定动态探测的范围。实验中，计算机控制的延迟线覆盖的时间范围为 $-0.6 \sim 6.0$ ns，被用来定义获得的二次电子图像的时间轴。通过减去负时间帧的参考图像，可以提取出二次电子图像的差异。对比增强图像可以从泵浦脉冲辐照和非辐照区域得到。可以观察到"亮"或"暗"的对比，这取决于相对于参考图像所收集的二次电子的数量，如图 4.16 所示。

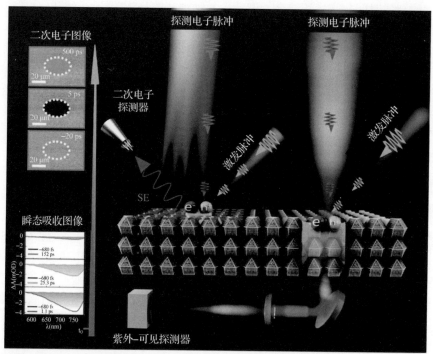

图 4.16 用 S – UEM 观察到的动力学机制，其中价带电子在光学激发下被提升到导带
（虚线椭圆表示激光在样品上的位置，在选定的时间显示几个时间分辨的图像，以表明对比度发展，
高对比度的记录是由于能量增益，而暗对比度的记录是由于激发区中心的能量损失[9]）

其电子探测机制主要有两种：一种常用的探测方式叫作光子 – 电子动力学探测，在这种探测方式中，泵浦光脉冲先于探测电子脉冲到达；另一种探测方式叫作电子 – 光子动力学探测，这意味着电子脉冲先于泵浦脉冲到达。这两种探测机制在很大程度上影响了通过这种时间分辨测量获得的图像对比度的性质。

参考文献

[1] MUYBRIDGE E. Animals in Motion [J]. College Art Journal, 1958, 17 (3): 336 – 337.

[2] BAUM P, ZEWAIL A H. Attosecond electron pulses for 4D diffraction and microscopy [J]. Proceedings of the National Academy of Sciences of the United States of America, 2007, 104

(47)：18409 – 18414.

[3] BAUM P, ZEWAIL A H. Femtosecond diffraction with chirped electron pulses ［J］. Chemical Physics Letters, 2008, 462 （1 – 3）: 14 – 17.

[4] ZEWAIL A H, THOMAS J M. 4D electron microscopy：imaging in space and time ［M］. Singapore：World Scientific, 2009.

[5] ZEWAIL A H. The birth of molecules ［J］. Scientific American, 1990, 263 （6）: 76 – 83.

[6] JUSSIM E, KAYAFAS G. Stopping Time：The Photographs of Harold Edgerton ［J］. Forbes, 1989, 143 （12）: 21.

[7] MCGEOUGH J A. Michael Faraday and the Royal Institution (The Genius of Man and Place) ［J］. Journal of Materials Processing Technology, 1996, 58 （1）: 136 – 137.

第 5 章
超快动力学在二维材料加工领域的应用

5.1　超快激光微纳加工领域应用概述

在超快激光制造中对局域瞬时电子动态时空演化过程的观测中，重点介绍了泵浦探测技术等主要超快光学成像方法的原理和应用。我们已经分析了这些方法如何绕过传统图像传感器的限制，以实现更高的帧率和快门速度。虽然这些方法权衡了一个或多个特异性参数以提高图像采集速度，但它们是互补的。

因飞秒激光泵浦探测技术超高的时间分辨率（飞秒量级）和较高的空间分辨率（亚微米量级），飞秒激光泵浦探测技术已被广泛应用于研究飞秒激光与材料的相互作用过程，对揭示激光加工机理起到了关键作用。我们设计并搭建了飞秒激光透射阴影式泵浦探测系统，可实现飞秒－皮秒－纳秒时间尺度的超快观测，涉及飞秒激光辐照下的等离子体激发、等离子体和冲击波的形成与传播等超快过程。与此同时，为全面了解等离子体喷发与辐射过程中等离子体形貌、等离子体成分/种类和等离子体强度等本征信息的演化规律，我们设计并搭建了时间分辨的等离子体图像系统和飞秒激光诱导击穿光谱系统，可实现纳秒尺度上等离子体喷发与辐射的超快观测。通过飞秒激光透射阴影式泵浦探测系统、时间分辨的等离子体图像和光谱系统的相互结合/验证可对飞秒激光诱导等离子体的超快演化过程进行多角度/多尺度的系统研究。在不久的将来，结合泵浦探测和改进的 4DS－UEM 技术，可以建立具有高时空分辨率和超快观测能力的多尺度观测系统，这将为飞秒激光非硅微纳制造带来革命性转变。

自 20 世纪 90 年代人们在石英和银表面实现微纳米加工以来[1,2]，飞秒激光微纳制造得到了广泛而深入的研究。源于其超快、超强的特点，飞秒激光与材料的相互作用过程是一个非线性、非平衡的超快过程，在继承传统激光大部分加工优势的同时，飞秒激光加工又被赋予了独特的优势。

（1）飞秒激光的脉冲持续时间非常短，远小于电子－晶格的弛豫时间（$10^{-12} \sim 10^{-10}$ s），激光的能量吸收发生在晶格升温之前。在加工过程中，电子与晶格处于非平衡态，抑制了热扩散，从而能够极小化热影响区和重铸层，最终提高结构加工质量和精度。如图 5.1 所示为 Chicbkov 等[3]利用波长 780 nm 的飞秒（200 fs）、皮秒（80 ps）和纳秒（3.3 ns）激光在钢箔上的微孔加工形貌，相比于皮秒和纳秒激光，飞秒激光加工的微孔边缘清晰，热影响区极小。

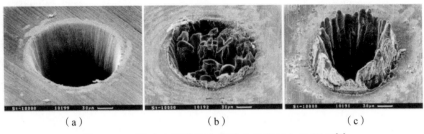

图 5.1　不同脉宽的激光在钢箔上的微孔加工形貌[3]

（a）200 fs；（b）80 ps；（c）3.3 ns

（2）随着飞秒激光技术的不断发展，目前，飞秒激光的峰值功率已能达到 PW 级，经过聚焦后，其峰值功率密度可达到 10^{22} W/cm^2。与传统脉冲激光不同，这种极端的功率密度可诱导光子能量的非线性吸收，进而可实现几乎所有材料的加工。同时，飞秒激光诱导的这种非线性电离机制基本上不依赖于材料的初始缺陷，具有很好的阈值效应[1]，所加工的结构具有确定性和可重复性，如图 5.2 所示。

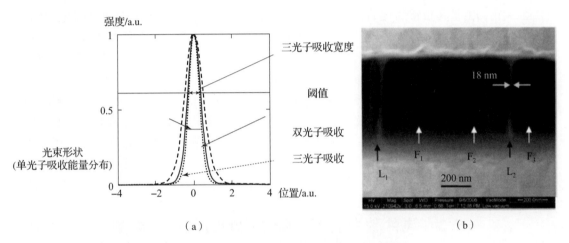

图 5.2　飞秒激光多光子吸收突破加工衍射极限

（a）多光子吸收能量吸收曲线[4]；（b）超衍射极限的悬空纳米线制备[5]

（3）受光学衍射极限的限制，一般的激光加工方法很难实现突破衍射极限的结构制备。当飞秒激光加工非金属时，基于光场强度的高斯空间分布，非线性多光子效应使激光能量吸收曲线变窄，如图 5.2 所示[4]。调节激光能量至阈值附近则可突破加工衍射极限，进一步提高制造精度。例如，Tan 等利用 780 nm 飞秒激光在 SCR500 光刻胶上通过双光子聚合实现了 18 nm 特征尺寸的悬空纳米线结构的制备（支撑间距 600 nm），如图 5.2（b）所示[5]；当支撑间距减小至 250 nm 时，纳米线的特征尺寸进一步减小到约 15 nm（1/52 波长）。此外，结合飞秒激光加工的非线性电离的阈值效应，当激光聚焦到透明材料内部时，只有激光作用区域才会发生改性/烧蚀。在此基础上，通过光斑移动（如振镜扫描）或样品移动（平移台移动/转动）可实现复杂微纳结构的三维加工。图 5.3（a）~（d）为双光子聚合制备的三维纳米牛结构（高度 7 μm、长度 10 μm）[6]，图（e）~（h）为飞秒激光直写在介孔玻璃内部制备的三维微流体通道[7]。

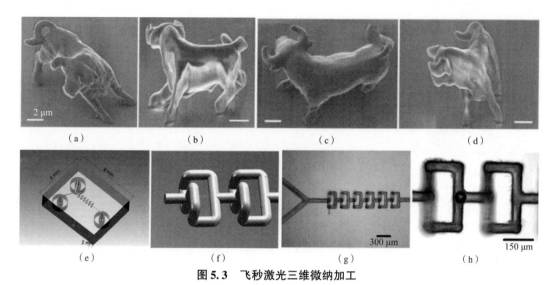

图 5.3　飞秒激光三维微纳加工

（a）~（d）双光子聚合制备的三维纳米牛结构[6]；（e）~（h）介孔玻璃内部制备的三维微流体通道[7]

　　二硫化钼由于其独特的性质，已经在场效应晶体管[8,9]、光电器件[10]、电催化[11,12]等领域有着广泛的应用。虽然已经有大量的实验在研究飞秒激光激发二硫化钼的超快动力学，但是大部分的研究都局限于二硫化钼的损伤阈值之下[13-18]。能量在损伤阈值之上的飞秒激光已经被广泛应用于二硫化钼的加工、改性，并取得了一定的成果[19-21]。但是，对于飞秒激光加工二硫化钼的超快动力学研究，目前尚属空白。因此，我们利用反射式时间分辨光学成像系统对损伤阈值之上的飞秒激光加工超快动力学进行研究，深入探究不同能量辐照下二硫化钼材料的相变机理。同时，首次通过理论建模，模拟二硫化钼加工过程中的电子激发、电声耦合过程，并将计算的瞬时反射率变化与实验观测进行对比，从而深入揭示飞秒激光加工二硫化钼的机理。

5.2　飞秒激光加工二硫化钼的时间分辨观测

5.2.1　实验原理与数据分析

　　由于二硫化钼属于半导体材料，对于 800 nm 的飞秒激光不透明，因此可采用反射式时间分辨光学成像技术对飞秒激光激发的表面等离子体演化过程进行观测。在第 3 章中已经详细地介绍了反射式时间分辨成像系统的原理。利用该系统可以直接观测激光通量在损伤阈值之上的飞秒激光脉冲激发二硫化钼材料所产生的等离子体演化过程。该实验示意图如图 5.4 所示。二硫化钼具有层状结构，每层之间通过范德华力进行连接，比较容易被剥离，从而成为一种重要的二维材料。在本实验中使用的样品为体状二硫化钼，禁带宽度约为 1.2 eV。用于激发材料的飞秒激光波长为 800 nm，对应的光子能量为 1.56 eV，大于材料的禁带宽度，可以对二硫化钼实现单光子激发（Single Photon Excitation）。在探测光的路径上利用 BBO 晶体将 800nm 的激光倍频之后，产生中心波长为 400 nm 的激光作为探测光，以此和 800 nm 泵浦光进行区分。所以，探测光所对应的光子能量为 3.11 eV。从示意图可以看出，泵浦光为聚焦光束，探测光为平行光束，因此探测光的光斑可以覆盖泵浦光的焦斑区域，从而对整个激发区域进行成像。泵浦光采用斜入射的方式，探测光则采用垂直入射的方式。采用垂直入射的探测光，主要是由于材料表面反射率与入射角有关，垂直入射情形的表面反射率计算方法较为简便。

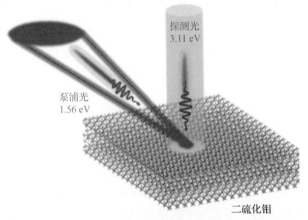

图 5.4　飞秒激光加工二硫化钼过程时间分辨观测实验示意图

在实验过程中，通过移动样品使每一个飞秒激光脉冲都激发在材料的全新区域上，避免不同脉冲产生的累积效果。与透射式探测实验一样，在反射式探测实验中，拍摄每一个飞秒激光脉冲激发的信号图像之前，都会在样品图一个区域拍摄一张激发前的图像作为背景，如图 5.5（a）和（b）所示。由于 CCD 拍摄的图像为灰度图，图像的明暗反映了反射信号的强弱，因此可以用图像的灰度值表示反射的光强。假设背景图像的灰度值可以表示为 $R_b(x, y)$，信号图像的灰度值可以表示为 $R_s(x, y)$。在大多数实验分析中，一般使用材料的相对反射率来分析材料的瞬时光学性质。相对反射率可以表示为

$$\frac{\Delta R}{R_b} = \frac{R_s - R_b}{R_b} \tag{5.1}$$

经过计算可以获得相对反射率的二维分布图，如图 5.5（c）所示。经过减背景处理后的图像，信号区域的信噪比显著提高，有利于后续分析激发区域等离子体的演化规律。利用该方法，我们通过计算每一个延时下的相对反射率，追踪材料在不同延时下的光学性质变化，从而分析飞秒激光加工中的超快动力学过程。

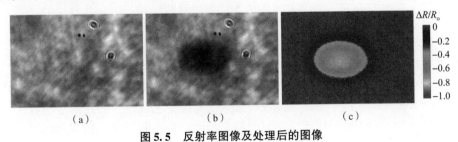

图 5.5　反射率图像及处理后的图像

（a）背景图像；（b）信号图像；（c）相对反射率图像

5.2.2　飞秒激光加工二硫化钼的瞬时反射率变化

通过上述方法可以对不同探测延时下飞秒激光激发区域的相对反射率进行记录，从而分

析飞秒激光激发之后材料表面光学性质的演化规律。图5.6展示了两种不同激光能量激发下二硫化钼表面瞬时相对反射率图像的演化过程。其中，所用高能量的飞秒激光通量为0.4 J/cm²，较低能量的飞秒激光通量为0.15 J/cm²。这两种能量均可以对材料造成烧蚀，这可以通过对激发后材料表面形貌的表征结果进行验证。实验中使用的探测延时为2~100 ps，这个时间范围覆盖了自由电子的激发、电子–晶格耦合过程。从图5.6可以看出，由于泵浦光是斜入射到样品表面的，所以在图像中激发区域的形状是一个椭圆形。在高能量（0.4 J/cm²）激发下，相对反射率图像的颜色发生了显著的变化，这说明在这段探测延时区间内激发区域材料表面的光学性质产生了强烈的变化。在材料被高能量激光激发之后，材料的反射率不断下降，直到50 ps后，中心相对反射率接近–1，也就是说此时激发区域中心对探测光几乎是全吸收的。与此相反的是，对于低能量（0.15 J/cm²）的情况，激发区域的材料表面反射率在激光激发之后，只出现了略微的反射率下降，这种反射率的下降水平一直持续到100 ps之后也没有显著的变化。这说明在低能量激发的情况下，材料表面在飞秒激光激发之后，超快动力学过程相对平稳，没有出现强烈的变化。两种不同的激光通量所产生的表面瞬时反射率有如此大的反差，说明在两种激光通量激发下材料所发生的超快动力学过程存在很大的差异。

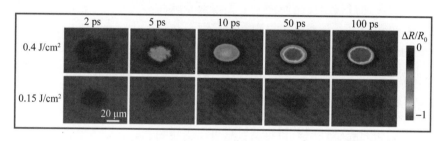

图5.6　不同能量激发下二硫化钼的瞬时相对反射率图像

　　为了更加深入和量化地分析材料表面反射率的变化，本研究提取了表面反射率变化的曲线。如图5.7所示，提取了高能量（0.4 J/cm²）激发情况下二硫化钼表面沿长轴方向的相对反射率分布曲线。其中的黑色实线是基于反射率数据点拟合的高斯型曲线。可以看到前10 ps的延时内，拟合曲线与数据点吻合得很好，这说明材料表面的反射率变化强度是呈高斯分布的。这主要是由于飞秒激光的能量在空间上是呈高斯分布的，能量较强区域所诱导的反射率变化越大，因此相对反射率分布曲线也呈高斯型。但是，50 ps和100 ps的长轴相对反射率分布曲线在中心区域出现了平顶的结构，这说明相对反射率变化出现了饱和。这种反射率变化饱和现象主要与过热液相的出现有关[22,23]。

　　同样地，对于低能量（0.15 J/cm²）情况，也可以提取激发区域长轴方向相对反射率分布曲线，如图5.8所示。由于低能量激发引起的反射率变化较小，因此信号相对较弱，数据点的波动较为明显，但依旧可以看出明显的高斯型的趋势。同样用高斯型曲线拟合数据点可以发现，与高能量的情形不同，低能量激发区域的相对反射率曲线始终局限在一定的水平内。低能量的曲线没有随着延时的变化产生剧烈的变化，也没有出现类似的平顶结构。低能量下相对反射率的峰值可以达到–0.2，一直到100 ps延时都没有出现对探测光强烈吸收的现象，这说明在低能量激发下材料没有出现过热的液相。

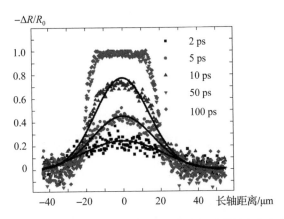

图 5.7　高能量激光激发下沿激发区域长轴的相对反射率分布曲线演化

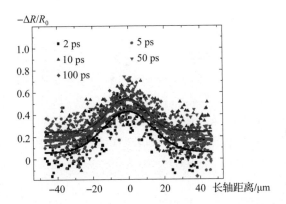

图 5.8　低能量激光激发下沿激发区域长轴的相对反射率分布曲线演化

对相对反射率空间分布的分析反映了不同激光通量诱导的等离子体空间分布特性，但无法反映等离子体的时间演化规律。飞秒激光诱导等离子体的时间演化过程，反映了等离子体被激发至非平衡态后的弛豫过程。为了进一步探究能量对飞秒激光加工过程中超快动力学过程的影响，图 5.9 中对比了不同能量激发下激发区域中心相对反射率随时间演化的曲线。从图 5.9 可以看出，中心区域相对反射率的演化趋势主要可以分成两种趋势：一种是低能量激发下的低水平振荡，激发之后相对反射率略微下降，随后稳定在 −0.2 左右；另一种趋势是高能量激发下相对反射率的逐渐下降，一直达到饱和状态。在高能量激发的情况下，虽然能量有差异，但是最终达到的饱和相对反射率几乎在同一水平。不同能量引起的反射率演化差异，是由于不同能量引起不同的超快动力学过程，这必将导致加工后材料表面形貌的差异。为了揭示超快反射率变化过程

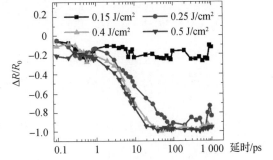

**图 5.9　不同能量激发下激发区域中心
相对反射率演化曲线**

与最终表面形貌的关系，可以对飞秒激光激发后的材料表面形貌进行表征和分析。

5.3 飞秒激光加工表面形貌表征及成分分析

5.3.1 二硫化钼表面形貌表征

为了探究不同超快动力学过程与飞秒激光加工结果之间的联系，需要对飞秒激光加工后的表面形貌进行表征和分析。首先，可以利用光学显微镜对不同能量激光加工后的二硫化钼表面形貌进行观测。图5.10（a）和（b）所示是低能量和高能量所激发的二硫化钼表面形貌图像。由于泵浦光是斜入射聚焦到样品表面的，因此材料表面被烧蚀的形状也呈现椭圆形。从图5.10可以看出，低能量激发的情况下，材料的损伤区域小于高能量所产生的损伤区域。低能量所产生的烧蚀区域中心在光学显微镜下的颜色几乎与原始区域相同，在中心区域周围产生了一圈淡黄色的环形。从光学显微镜的图像可以看出，低能量激光加工二硫化钼产生的表面结构相对平整。而对于高能量激光加工的情况而言，材料被烧蚀的区域较大，烧蚀中心产生了许多黑色的裂痕。整个烧蚀的区域呈现出淡黄色，与原始的区域具有明显的区别。与低能量情况相似，在烧蚀区域的外围同样产生了一个较为平整的环形，包围着中心裂痕产生的区域。为了分析飞秒激光加工后的最终形貌与超快动力学过程的联系，可以将瞬时相对反射率图像与最终形貌图像进行对比。如图5.10（c）所示，提取了图5.6中高能量激发下100 ps延时的相对反射率图像。通过将高能量激发下的表面形貌图像与瞬态相对反射率图像对比分析，可以发现最终形貌图像中的裂痕产生区域与相对反射率图像中的饱和吸收区域几乎完全吻合。前面已经提到，中心区域对探测光的强烈吸收主要是由于过热液相的产生。因此，高能量激发下中心区域的裂痕产生可以解释为过热液相的再凝固过程中由热应力所引起的。而在低能量激发下，材料不能产生过热液相，因此无法对探测光引起强烈的吸收，也无法在烧蚀区域产生明显的裂痕。

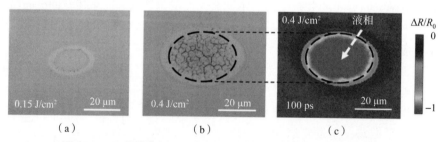

图5.10 飞秒激光加工二硫化钼表面形貌与瞬态反射率对照图

光学显微镜对材料表面形貌的观测精度受限于光学衍射极限，因此无法对更加细微的结构进行观测。为此，可以利用原子力显微镜（AFM）和扫描电子显微镜（SEM）对激光诱导的表面形貌进行更为细致的观测。图5.11展示了高能量（0.4 J/cm²）和低能量（0.15 J/cm²）飞秒激光加工二硫化钼材料最终形貌的AFM图像。从图5.11（a）可以看出，高能量飞秒激光加工所产生烧蚀区域的深度显著高于低能量的烧蚀深度。从高能量激发形貌的中心放大图可以看出，烧蚀中心所产生的裂缝宽度小于1 μm，为纳米量级的裂缝。更为奇怪的是，这些裂缝之间普遍呈现120°的夹角。这种现象可以解释为，在熔化的过热液相再凝固过程中，由于热应力的作用，裂缝主要沿着二硫化钼的键角方向进行延伸。与高能量情形相反，对于低能量的情况，从中心区域放大图可以看出，低能量激发的中心区域表面整体较为平整，但是分布着众多细小的纳米颗粒。两种能量飞秒激光对材料的烧蚀形貌差异如此之大，主要是由于不同能量对材料的激发程度不同，导致材料的超快动力学过程产生了一定的差异。例如，低能量与高能量所能诱导的晶格温度差异较大，从而导致材料的相变过程、材料去除过程的差异，最终影响飞秒激光加工的形貌特征。通过分析形貌的特征，也可以反向揭示飞秒激光加工材料的超快动力学过程。

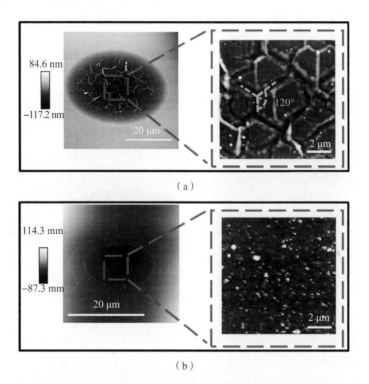

图 5.11　飞秒激光加工二硫化钼表面形貌 AFM 图像

(a) $0.4\ \mathrm{J/cm^2}$；(b) $0.15\ \mathrm{J/cm^2}$

为了进一步分析飞秒激光烧蚀二硫化钼的表面形貌，对飞秒激光烧蚀后的材料形貌进行扫描电子显微镜表征。图 5.12 展示了高能量（$0.4\ \mathrm{J/cm^2}$）和低能量（$0.15\ \mathrm{J/cm^2}$）飞秒激光加工二硫化钼材料最终形貌的 SEM 图像。通过 SEM 图像可以得到更详细的信息。如图 5.12 (a) 所示，高能量加工后的二硫化钼表面烧蚀区域中心的粗糙度较高，并且同样产生了许多的纳米裂缝。从中心区域的放大图可以看出，除了裂缝的产生，在裂缝的周围也会产生一些重铸层，这再一次证明了过热液相的产生。对于低能量的电子显微镜图像，如图 5.12 (b) 所示，可以看出激光烧蚀区域中心比较平整。在低能量中心区域，也同样散布着纳米颗粒。另外，无论是高能量还是低能量的情况，激发区域中心外围的环状与中心椭圆区域有较为明显的分界线。这说明这两个区域的材料去除程度不同，存在一定的高度差，这也可以从 AFM 图像中看出。通过 SEM 图像的分析也可以知道，高能量飞秒激光激发后材料表面的微纳结构与低能量激发的情况存在较为显著的差异。这种差异主要源于不同能量所诱导产生的不同超快动力学过程。

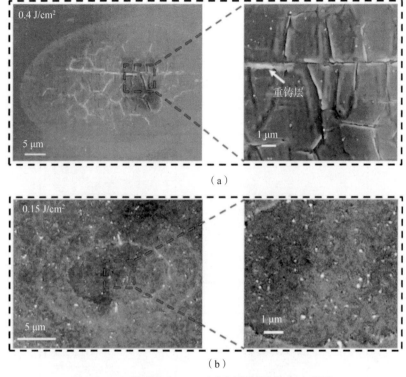

图 5.12　飞秒激光加工二硫化钼表面形貌 SEM 图像

(a) 0.4 J/cm²；(b) 0.15 J/cm²

上述利用光学显微镜、AFM、SEM 对飞秒激光加工后的表面形貌进行了详细的表征，对比了高能量和低能量下表面形貌的差异。通过分析不同表征手段得到的结果，可以获得材料表面结构变化的信息。但是，材料被飞秒激光激发之后，除了发生相变、材料去除之外，还会与周围的空气发生反应，自身也会因为极高的温度发生裂解。为了分析飞秒激光加工后材料表面的成分，我们进一步利用 X 射线光电子能谱分析对激发区域进行表征。

5.3.2　材料表面烧蚀区域成分分析

X 射线光电子能谱（X – ray Photoelectron Spectroscopy，XPS）技术是一种表面分析方法，可以通过 X 射线与样品相互作用，激发材料表面电子达到某个能级，测量这一电子的动能，并通过分析电子动能得出样品表面所含的元素种类、化学组成，以及有关的电子结构重要信息[24]。该方法在各种固体材料的基础研究和实际应用中起着重要的作用。图 5.13 给出了 XPS 设备工作过程的简单示意图。XPS 设备工作时，将 X 射线光源照射到样品上，经过 X 射线与样品相互作用之后，从样品中激发出光电子。被激发后带有一定能量的光电子经过电子透镜到达分析器，在分析器内光电子的能量分布被解析，最后由检测器给出光电子的强度。图 5.13 中的数据系统用于收集谱图和处理数据。由于在电子能谱中所测的电子动能在传输到分析器内时不能受到干扰，电子从样品到达分析器之前不能与任何物质相互作用，因此该系统必须保证在真空环境中运行，真空泵的使用就是为了保证这个高真空或超高真空系统。系统运行时，真空度一般在 $10^{-10} \sim 10^{-8}$ mbar。

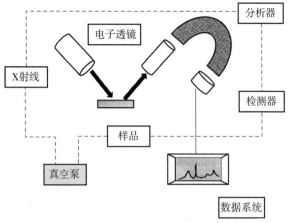

图 5.13　XPS 工作示意图[24]

　　我们利用 X 射线光电子能谱技术分析飞秒激光加工后二硫化钼表面组分信息。为了研究飞秒激光加工能量对加工后二硫化钼表面组分的影响，我们分别对原始样品表面、高能量和低能量激发后材料表面进行了 XPS 的测量。如图 5.14 所示，对比了原始样品、低能量加工区域、高能量加工区域的表面成分信息。从原始样品的电子能谱谱线可以看到明显的二硫化钼样品特征峰：$Mo^{4+}3d_{3/2}$ 峰、$Mo^{4+}3d_{5/2}$ 峰和 S 2s 峰。对比低能量激发后样品表面的 XPS 谱线图与原始样品的谱线图，可以发现二者的谱线几乎相同。这说明在被低能量激发后，表面材料虽然被去除了，但是材料的成分并没有发生改变。进一步观察高能量激发后样品的电子能谱谱线，却发现在高能量的电子能谱中发现了 Mo（0）的峰。这说明在高能量激发的样品表面产生了单价的金属钼。材料表面钼金属的出现，表明二硫化钼材料在高能量飞秒激光作用下发生了裂解反应，而低能量飞秒激光则无法使材料产生裂解，至于裂解的机制则需要进一步探究。

　　为了探究高能量激发下钼金属的产生机理，我们通过查阅二硫化钼裂解的相关文献，发现当二硫化钼材料温度达到 1 873 K 时，会发生裂解产生金属钼，二硫化钼的裂解方程式可以表示为[25]

$$MoS_2 \xrightarrow{\text{1 873 K}} Mo + S(\uparrow) \tag{5.2}$$

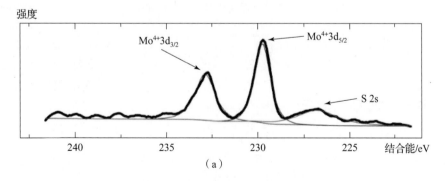

图 5.14　二硫化钼表面 XPS 谱线

（a）原始样品

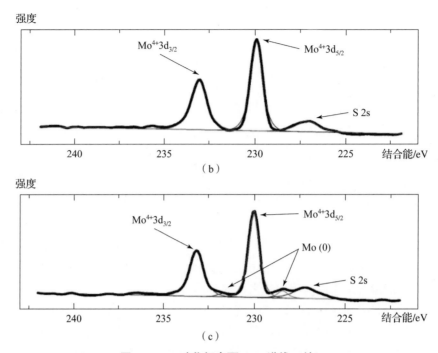

图 5.14　二硫化钼表面 XPS 谱线 （续）

（b）0.15 J/cm²；（c）0.4 J/cm²

由此可知，在高能量激发下，晶格温度可以被加热到 1 873 K 以上，因此发生了裂解反应，产生了金属钼。而对于低能量激发的情况，晶格温度无法达到如此高的温度，因此无法产生单价的金属钼。这种机制将在后续理论模拟中得到进一步验证。

5.4　飞秒激光加工二硫化钼超快动力学过程理论建模研究

理论建模研究可以从本质上揭示飞秒激光加工的机理，并且可以通过理论模型对飞秒激光加工的结果进行预测。对于二硫化钼的飞秒激光加工理论模型的研究，目前尚属空白。关于二硫化钼超快动力学的理论研究主要聚焦于烧蚀阈值之下的载流子动力学研究。我们基于二硫化钼的材料属性，对飞秒激光加工二硫化钼过程进行理论建模，并将理论模型模拟结果与时间分辨光学成像系统拍摄的相对反射率图像进行对比，以此验证理论模型的适用性，并利用该模型分析不同能量激发下材料发生的相变机制，从而进一步揭示不同能量加工产生的表面形貌差异性。

5.4.1　理论模型的建立

前面章节中已经阐述了飞秒激光与不同材料相互作用的机理差别。本小节将针对二硫化钼材料的特性，建立相应的超快动力学理论模型。图 5.15 展示了我们建立的飞秒激光与二硫化钼相互作用的理论模型示意图。由于二硫化钼属于半导体材料，因此该模型中主要考虑四个超快动力学过程：①自由电子的激发和加热；②高能电子 – 晶格耦合；③高能电子诱导碰撞电离；④自由电子复合。基于该模型，可以计算不同能量下激光诱导的自由电子密度、自由电子温度、晶格温度及材料瞬时光学性质的演化，从而揭示飞秒激光加工二硫化钼的机理。

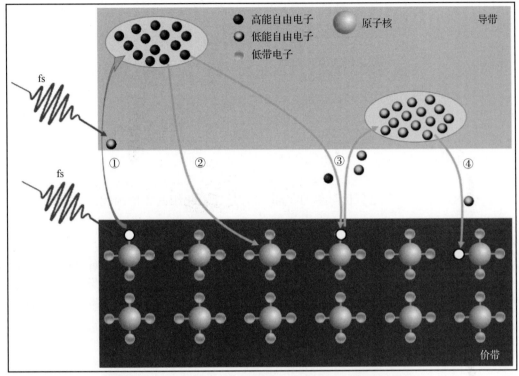

图 5.15　飞秒激光与二硫化钼相互作用的理论模型示意图
①自由电子的激发和加热；②高能电子 – 晶格耦合；③高能电子诱导碰撞电离；④自由电子复合

1. 自由电子的激发和加热

二硫化钼属于半导体材料，其禁带宽度为 1.2 eV，而用于激发的激光波长为800 nm，对应的光子能量为 1.56 eV。因此，在该模型中，主要考虑单光子电离机制作为光致电离激发的主要方式。自由电子密度主要是基于 Fokker – Planck 方程来进行计算：

$$\frac{\partial n_e}{\partial t} = P(I) - \frac{n_e}{\tau} \tag{5.3}$$

其中，n_e 表示自由电子密度；$P(I)$ 表示光致电离项；τ 表示自由电子密度衰减时间常数。在飞秒激光激发的早期阶段（100 fs），二硫化钼的自由电子被激发，这里只考虑单光子电离。对于碰撞电离的情况，我们考虑高能电子诱导的碰撞电离，在激光作用完之后仍会继续发生，将在后续进行描述。单光子电离的表达式为

$$P(I) = \frac{e^2 N_{ph} \sqrt{m^*} \sqrt{E_g}}{\hbar^2 \varepsilon_0} \sqrt{\left(\frac{\hbar\omega}{E_g}\right)^2 - 1} \tag{5.4}$$

其中，e 是电子电量；m^* 是二硫化钼材料中的有效电子质量；E_g 是二硫化钼材料的禁带宽度，其值为 1.2 eV；$\hbar$ 是约化普朗克常数；ε_0 是材料的初始介电函数；ω 是激光角频率；N_{ph} 是入射光子数密度，可以由光强 I 推出，即

$$N_{ph} = \frac{I}{\hbar\omega c} \tag{5.5}$$

其中，c 是真空中的光速。通过单光子电离产生的自由电子，在光场的作用下仍会继续吸收光子，被激发到更高的能级，从而达到较高的温度。该过程称为自由电子的加热，主要通过逆韧致辐射来完成。自由电子加热的过程可以用下式来描述：

$$c_e n_e \frac{\partial T_e}{\partial t} = \alpha_h I \tag{5.6}$$

其中，c_e 是电子比热容，根据经典理论可以表示为 $c_e = \frac{3}{2} k_B$；α_h 是由自由电子加热引起的吸收系数，可以通过介电函数的虚部进行计算，即

$$\alpha_h = \frac{2\kappa\omega}{c} \tag{5.7}$$

其中，κ 是复折射率的虚部，可以由复介电函数推导出，即

$$n_c^2 = (n_r + i\kappa)^2 = \varepsilon_M \tag{5.8}$$

其中，n_c 是复折射率，n_r 是负折射率的实部；ε_M 是二硫化钼的介电函数，可以由 Drude 模型推导出来。

2. 高能电子 – 声子耦合

通过方程（5.5）可以计算激光激发过程中自由电子温度的变化，从而得到自由电子密度所能达到的温度。在飞秒激光激发阶段，自由电子可以通过吸收光子能量被加热，但是晶格却依然保持常温状态。高温电子与晶格之间形成了一种强烈的非平衡态。在激光激发之后，高温电子系统会通过电子 – 晶格耦合的方式，将电子系统的能量传递给晶格，最终达到热平衡。如第 2 章所述，电子 – 晶格耦合过程可以由双温模型进行描述：

$$c_e \frac{\partial T_e}{\partial t} = \nabla [k_e \nabla T_e] - G(T_e - T_1) \tag{5.9}$$

$$c_1 \frac{\partial T_1}{\partial t} = \nabla [k_1 \nabla T_1] + G(T_e - T_1) \tag{5.10}$$

其中，k_e 和 k_1 分别是自由电子热扩散率和晶格热扩散率；T_e 和 T_1 分别是电子温度和晶格温度；c_e 和 c_1 分别是电子比热容和晶格比热容；G 是电子晶格耦合系数，可以表示为

$$G = \frac{\pi^2 m_e n_e c_s^2}{6\tau_e T_e} \tag{5.11}$$

其中，c_s 是二硫化钼材料中的声速，可以表示为[26]

$$c_s = \sqrt{\frac{B}{\rho_m}} \tag{5.12}$$

其中，B 是二硫化钼材料的杨氏模量；ρ_m 是二硫化钼材料的密度。

3. 高能电子诱导碰撞电离

被激光加热后的自由电子，除与晶格进行碰撞外，能量足够高的自由电子还会通过与价带电子进行碰撞，从而激发产生两个低能量的自由电子。在这个过程中，自由电子密度的变化可以通过等离子体振荡频率的变化来计算。在前人研究的工作中，发现等离子体振荡频率与晶格温度相关，可以表示为[27]

$$\omega_p^{-1} \frac{\partial \omega_p}{\partial T_1} = K_C \tag{5.13}$$

其中，K_C 是一个常数；ω_p 是等离子体振荡频率，可以表示为

$$\omega_p = \sqrt{\frac{n_e e^2}{m_e \varepsilon_0}} \qquad\qquad (5.14)$$

其中，m_e 是电子质量；$\varepsilon_0 = 8.854\,187\,817 \times 10^{-12}$ F/m，是真空介电常数。

4. 自由电子复合和光学性质描述

受激发的自由电子，除与晶格和价带电子碰撞外，也会与材料中的空穴相结合，从而复合成为价带电子。因此，自由电子的复合速度也极大地影响着材料的瞬时光学特性。在方程（5.2）中，自由电子密度衰减时间常数 τ 表示自由电子的平均寿命。在一些测量中，自由电子密度的衰减时间约为 180 ps[28]。对于该测量的时间尺度来说，这个衰减时间的作用相对较小。因此，在该观测的时间尺度内，自由电子复合机制对于自由电子密度的变化较小。

对于飞秒激光加工过程中的光学性质描述，可以采用 Drude 模型，并同时考虑价带电子贡献进行表述：

$$\varepsilon = \left[1 + \frac{3(n_V - n_e)\chi}{3 - (n_V - n_e)\chi}\right] - \frac{\omega_p^2}{\omega^2 + i\omega/\tau_e} \qquad\qquad (5.15)$$

其中，n_V 是价带电子密度；χ 是极化率，由 Clausius – Mossotti 方程推导得到。通过计算的介电函数，可以推导出材料的复折射率，并利用复折射率计算材料的反射率。

对于二硫化钼材料，上述方程中使用的一些主要参数如表 5.1 所示。

表 5.1　二硫化钼材料的相关参数

参数	K_C	χ	ε_0	m_0	B	ρ
数值	8.2×10^{-4}	$0.9672 + 0.1114i$	$3.915 + 3.166i$	0.018	2.4×10^{12} N/m²	4.8 g/cm³

通过建立一个飞秒激光加工二硫化钼的超快动力学模型，综合考虑飞秒激光激发后自由电子电离和加热、高能电子－声子耦合、高能自由电子诱导碰撞电离及自由电子复合过程。利用该模型，可以模拟飞秒激光激发过程中自由电子密度、自由电子温度、晶格温度及瞬时光学性质变化。基于该模型，对不同能量飞秒激光激发后的超快动力学过程进行模拟，从而深入分析飞秒激光加工二硫化钼材料的机理。通过将理论模拟结果与实验观测结果进行对比，可以验证所建立模型的适用性。

5.4.2　理论模拟结果与实验结果的对比

基于上述建立的理论模型，对飞秒激光加工二硫化钼材料的超快动力学过程进行了模拟。为了与实验观测结果进行对比，理论模拟选择的时间尺度与时间分辨光学成像系统的延时相同，分别为 2 ps、5 ps、10 ps、50 ps 和 100 ps。如图 5.16 所示，对高能量激发下时间分辨光学成像系统所得到的相对反射率图像与理论模拟所得到的相对反射率图像进行了对比。从整体上看，理论模拟的结果与实验观测的结果非常吻合，相对反射率的变化趋势几乎与实验观测的结果完全一致。无论是实验观测结果还是理论模拟结果，由于泵浦光是斜入射的，因此激光激发区域都呈椭圆形。在两种结果中，激光激发中心的相对反射率随着时间延时推移不断地降低，在 50 ps 时出现了饱和吸收。由于理论模型在计算过程中忽略了材料的不均一性，所实验的条件均为理想化条件，因此获得的结果相对规则。而实验测量过程中，由于光场和材料性质的不均一性，以及环境和信号接收过程的噪声，因此图像所显示的区域存在一定的不规则性。理论模拟的结果与实验观测的结果吻合，说明了理论模型具有很高的合理性，并可以成功模拟飞秒激光与二硫化钼材料的相互作用过程。

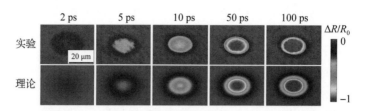

图5.16　理论模拟和实验观测所获得的相对反射率图像对比（书后附彩插）

　　为了更加深入和全面地分析理论模拟结果与实验观测结果，可以比较相对反射率在空间上的分布曲线以及中心区域相对反射率的时间演化曲线。图5.17展示了激发区域长轴方向理论模拟和实验观测所得到的相对反射率分布情况，所选取的探测延时为10 ps。其中，蓝色和粉色数据点分别表示的是高能量和低能量实验观测结果，而红色和绿色实线分别表示的是高能量和低能量的理论模拟结果。从图中可以看出，在高能量情况下，实验结果和理论计算结果基本吻合，并都表现出高斯形状。对于低能量的情况，理论模拟和实验观测的相对反射率变化都处于较低水平，二者整体上吻合。通过分析高能量和低能量激光激发的理论模拟和实验观测结果可以看出，理论模型在高能量和低能量的情况都适用。

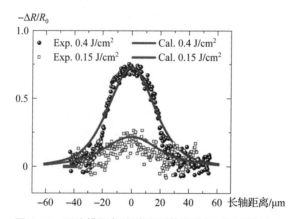

图5.17　理论模拟与实验观测的长轴相对反射率分布

　　除了对比空间上的相对反射率变化来验证模型的适用性，还可以通过对比实验观测和理论模拟所得的相对反射率的时间演化对模型的有效性进行验证。图5.18对比了实验观测和理论模拟所得出的飞秒激光激发区域中心相对反射率变化随延时的演化趋势。在相对反射率随延时的演化曲线中，所选取的延时相对较密集，因此可以反映出更加准确的信息。从图5.18中可以看出，无论是高能量还是低能量的情况，理论模拟的结果都与实验观测的结果非常吻合。在高能量激发的情况下，材料表面的反射率逐渐下降，在30 ps左右达到饱和，并一直保持到80 ps。在低能量激发的情况下，相对反射率变化较小，在激光激发后10 ps便达到稳定，其后相对反射率变化保持在-0.2左右，并维持到80 ps依旧不变。飞秒激光激发区域相对反射率随延时的演化规律，可以反映飞秒激光激发区域的等离子体的弛豫性质。通过模型结果与实验观测结果的对比，可以知道理论模型对于飞秒激光激发后等离子体弛豫的超快动力学过程具有很好的跟踪能力，这种跟踪能力主要源于对飞秒激光激发后材料自由电子和晶格动态较为准确的模拟。

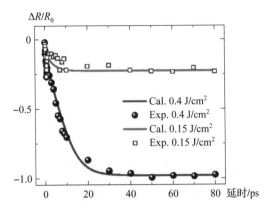

图 5.18　理论模拟和实验观测激发区域中心相对反射率随延时的演化曲线

　　通过以上对比理论模拟和实验观测的结果，可以很好地验证所建立模型的适用性。因此，可以利用该模型对飞秒激光加工二硫化钼的机理进行深入研究。在上一小节中提到，低能量与高能量加工后的表面形貌存在较大差异，主要是由于高能量飞秒激光能够诱导过热液相的产生，而低能量飞秒激光则不能。利用时间分辨光学成像系统无法获得晶格的温度信息，因此无法从实验观测上证明这一机制的存在。但是，理论模拟可以很好地跟踪晶格温度的变化，给出不同能量激发下晶格温度所能达到的水平。因此，利用理论模拟的方式给出了不同能量激发下电子温度与晶格温度的演化曲线，如图 5.19 所示。无论在高能量还是低能量激发的情况下，电子温度首先急剧上升，而晶格温度则是缓慢上升。高能量激发下电子温度可以上升到 20 000 K，而低能量激发下电子温度最高只能达到 10 000 K。经过电子－晶格耦合过程，晶格温度逐渐上升，电子温度逐渐下降，并最终达到平衡。从图 5.19 中可以看出，低能量下电子与晶格达到热平衡所需的时间小于高能量激发的情况。低能量激发下电子与晶格达到热平衡所需的时间约为 10 ps，而高能量激发下电子与晶格达到热平衡所需的时

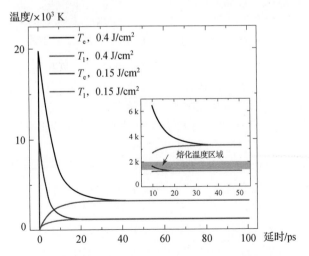

图 5.19　电子温度与晶格温度演化曲线（书后附彩插）

间约为 30 ps。这两个特征时间与图 5.18 中相对反射率达到饱和的时间相同，说明电子 – 晶格耦合过程是引起相对反射率变化的主要原因。

为了更加详细地分析晶格所能达到的温度，图 5.19 中的插图给出了 10~50 ps 电子温度和晶格温度放大图。图 5.19 中红色长方形区域指的是一些文献中报道的二硫化钼熔点所在区域，为 1 458 ~2 073 K[29]。从图 5.19 中可以看出，高能量所激发的晶格温度可以远高于熔化温度区域，因此高能量激发下二硫化钼材料可以产生熔化，并产生过热的液相。液相在再凝固过程中由于热应力的作用引起了最后形貌中裂痕的产生。低能量所激发的晶格温度无法达到熔化温度区域，因此低能量激发下二硫化钼无法诱导产生过热液相，在最终加工形貌上也没有裂痕的产生。

5.4.3　飞秒激光加工二硫化钼的两种机理揭示

通过上述实验观测、烧蚀形貌表征及理论模拟研究，可以对飞秒激光加工二硫化钼过程有较为全面的认识。综合上述各种手段获得的信息，可以对飞秒激光加工二硫化钼的机理做一个全面的总结和阐述。在对飞秒激光加工二硫化钼的超快动力学过程研究中，发现了两种二硫化钼材料的烧蚀机理，如图 5.20 所示。

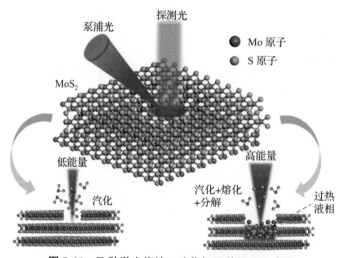

图 5.20　飞秒激光烧蚀二硫化钼两种机理示意图

第一种烧蚀机制是在低能量激发下，飞秒激光可以通过激发和加热自由电子将激光能量沉积在电子系统内，并通过电子 – 晶格相互作用使晶格升温。但是，由于沉积能量不高，晶格温度无法达到材料的熔点，二硫化钼材料无法形成液相。二硫化钼材料在 698 K 时就可以发生汽化[30]，因此，在低能量激发下材料去除主要是以汽化的形式。这种方式去除材料使加工后材料表面形貌比较平整，不存在重铸层和裂痕。

第二种烧蚀机制是在高能量激发下诱导的材料汽化、熔化和分解共存机制。在高能量激发下，激光通过自由电子激发和加热，沉积在电子体系中，然后通过电子 – 晶格耦合使晶格温度上升，并超过二硫化钼材料的熔点。高温的晶格产生熔化，并形成过热液相。过热液相可以对探测光产生强烈的吸收，这也是在时间分辨光学成像系统中可以观测到激发区域相对反射率急剧变化的原因。由于晶格温度同时也超过二硫化钼分解温度，因此二硫化钼会发生分解，产生金属钼单质和硫单质，硫单质在高温下挥发，而金属钼单质会留在材料表面，这也是 XPS 表征结果中出现硫单质峰的原因。在电子－晶格达到热平衡之后材料会逐渐冷却，并再次凝固，在凝固过程中由于热应力的作用会产生裂痕，因此高能量激发下的材料表面形貌粗糙度较高，并且由于液相的产生导致材料表面存在一定的重铸层。

参考文献

[1] DU D, LIU X, KORN G, et al. Laser – induced breakdown by impact ionization in SiO_2 with pulse widths from 7 ns to 150 fs [J]. Applied Physics Letters, 1994, 64 (23)：3071 – 3073.

[2] PRONKO P P, DUTTA S K, SQUIER J, et al. Machining of sub – micron holes using a femtosecond laser at 800 nm [J]. Optics Communications, 1995, 114 (1)：106 – 110.

[3] CHICHKOV B N, MOMMA C, NOLTE S, et al. Femtosecond, picosecond and nanosecond laser ablation of solids [J]. Applied Physics A, 1996, 63 (2)：109 – 115.

[4] SUGIOKA K, CHENG Y. Ultrafast lasers—reliable tools for advanced materials processing [J]. Light：Science & Applications, 2014, 3：e149.

[5] TAN D, LI Y, QI F, et al. Reduction in feature size of two – photon polymerization using SCR500 [J]. Applied Physics Letters, 2007, 90 (7)：071106.

[6] KAWATA S, SUN H B, TANAKA T, et al. Finer features for functional microdevices [J]. Nature, 2001, 412：697 – 698.

[7] LIAO Y, SONG J, LI E, et al. Rapid prototyping of three – dimensional microfluidic mixers in glass by femtosecond laser direct writing [J]. Lab on a Chip, 2012, 12 (4)：746 – 749.

[8] SARKAR D, LIU W, XIE X, et al. MoS_2 Field – Effect Transistor for Next – Generation Label – Free Biosensors [J]. ACS Nano, 2014, 8 (4)：3992 – 4003.

[9] NAM H, WI S, ROKNI H, et al. MoS_2 Transistors Fabricated via Plasma – Assisted Nanoprinting of Few – Layer MoS_2 Flakes into Large – Area Arrays [J]. ACS Nano, 2013, 7 (7)：5870 – 5881.

[10] YIN Z, LI H, LI H, et al. Single – Layer MoS_2 Phototransistors [J]. ACS Nano, 2012, 6 (1)：74 – 80.

[11] LIU G, ROBERTSON A W, LI M M – J, et al. MoS_2 monolayer catalyst doped with isolated Co atoms for the hydrodeoxygenation reaction [J]. Nature Chemistry, 2017, 9 (8)：810 – 816.

[12] CHHOWALLA M, SHIN H S, EDA G, et al. The chemistry of two – dimensional layered transition metal dichalcogenide nanosheets [J]. Nature Chemistry, 2013, 5 (4)：263 – 275.

[13] NIE Z, LONG R, SUN L, et al. Ultrafast Carrier Thermalization and Cooling Dynamics in Few – Layer MoS_2 [J]. ACS Nano, 2014, 8 (10)：10931 – 10940.

[14] SHI H, YAN R, BERTOLAZZI S, et al. Exciton Dynamics in Suspended Monolayer and Few – Layer MoS_2 2D Crystals [J]. ACS Nano, 2013, 7 (2)：1072 – 1080.

[15] GRUBIŠIĆ ČABO A, MIWA J A, GRØNBORG S S, et al. Observation of Ultrafast Free Carrier Dynamics in Single Layer MoS_2 [J]. Nano Letters, 2015, 15 (9)：5883 – 5887.

［16］YUAN Y, JIANG L, LI X, et al. Adjustment of ablation shapes and subwavelength ripples based on electron dynamics control by designing femtosecond laser pulse trains ［J］. Journal of Applied Physics, 2012, 112 （10）: 103103.

［17］HONG X, KIM J, SHI S F, et al. Ultrafast charge transfer in atomically thin MoS_2/WS_2 heterostructures ［J］. Nature Nanotechnology, 2014, 9 （9）: 682.

［18］CAMELLINI A, MENNUCCI C, CINQUANTA E, et al. Ultrafast Anisotropic Exciton Dynamics in Nanopatterned MoS_2 Sheets ［J］. ACS Photonics, 2018, 5 （8）: 3363 – 3371.

［19］PARADISANOS I, KYMAKIS E, FOTAKIS C, et al. Intense femtosecond photoexcitation of bulk and monolayer MoS_2 ［J］. Applied Physics Letters, 2014, 105 （4）: 041108.

［20］ZUO P, JIANG L, LI X, et al. Maskless Micro/Nanopatterning and Bipolar Electrical Rectification of MoS_2 Flakes Through Femtosecond Laser Direct Writing ［J］. ACS Applied Materials & Interfaces, 2019, 11 （42）: 39334 – 39341.

［21］LI B, JIANG L, LI X, et al. Preparation of Monolayer MoS_2 Quantum Dots using Temporally Shaped Femtosecond Laser Ablation of Bulk MoS_2 Targets in Water ［J］. Scientific Reports, 2017, 7 （1）: 11182.

［22］SOKOLOWSKI – TINTEN K, BIALKOWSKI J, BOING M, et al. Thermal and nonthermal melting of gallium arsenide after femtosecond laser excitation ［J］. Physical Review B, 1998, 58 （18）: R11805 – R11808.

［23］BONSE J, BACHELIER G, SIEGEL J, et al. Time – and space – resolved dynamics of melting, ablation, and solidification phenomena induced by femtosecond laser pulses in germanium ［J］. Physical Review B, 2006, 74 （13）: 134106.

［24］郭沁林. X 射线光电子能谱 ［J］. 物理, 2007, 36 （5）: 405 – 410.

［25］WINER W O. Molybdenum disulfide as a lubricant: A review of the fundamental knowledge ［J］. Wear, 1967, 10 （6）: 422 – 452.

［26］JIANG L, TSAI H L. Improved Two – Temperature Model and Its Application in Ultrashort Laser Heating of Metal Films ［J］. Journal of Heat Transfer, 2005, 127 （10）: 1167 – 1173.

［27］BONEBERG J, YAVAS O, MIERSWA B, et al. Optical reflectivity of Si above the melting point ［J］. Physica Status Solidi （b）, 1992, 174 （1）: 295 – 300.

［28］KUMAR N, HE J, HE D, et al. Charge carrier dynamics in bulk MoS_2 crystal studied by transient absorption microscopy ［J］. Journal of Applied Physics, 2013, 113 （13）: 133702.

［29］CUI S, HU B, OUYANG B, et al. Thermodynamic assessment of the Mo – S system and its application in thermal decomposition of MoS_2 ［J］. Thermochimica Acta, 2018, 660: 44 – 55.

［30］YAN D, QIU W, CHEN X, et al. Achieving High – Performance Surface – Enhanced Raman Scattering through One – Step Thermal Treatment of Bulk MoS_2 ［J］. The Journal of Physical Chemistry C, 2018, 122 （26）: 14467 – 14473.

第6章

超快动力学在第三代半导体材料领域的应用

6.1 超快动力学在飞秒激光制备微纳复合结构的应用研究

GaN 作为第三代新型半导体材料，因其在发光二极管（LED）[1]、紫外（UV）探测器[2]、可见光通信[3,4]、微机电器件[5,6]等方面的重要应用引起了学者们的广泛研究。GaN 材料的潜力主要归因于其优异的物理和化学性能，特别是其直接带隙较宽、热导率高、化学稳定性好以及电子迁移率高[7,8]，使得其成为半导体行业的新秀之星。因此本章选取氮化镓（GaN）作为研究对象。近年来，具有紫外发射功能的 GaN 基 LED 因其优异的性能而成为研究热点[9-12]。例如，GaN 基 LED 的紫外光发射效率可通过制备纳米线阵列或生长量子点来显著提高[13-16]；在 GaN 基 LED 上进行氧化石墨烯钝化抑制自发极化也可以用于增加 UV - GaN 基 LED 的光输出[17]。

但这些研究均采用化学生长或合成方法，需要复杂的程序和严格的实验环境。因此，如何利用便捷方法显著提高 UV - GaN 基 LED 的量子效率是亟待解决的问题。接下来将介绍通过飞秒激光一步法在 GaN 表面制备微纳复合结构来提升光电响应性能，通过对新型半导体材料 GaN 的超快动力学响应和光与物质相互作用理论进一步探讨分析飞秒激光在 GaN 基 LED 中的重要作用。

6.1.1 激光通量对激光诱导微纳复合结构形貌的影响

在飞秒激光加工材料的过程中，激光通量对激光与物质作用的物理过程有着显著影响，不同的能量密度可能会引起截然不同的物理过程。因此，通过调控激光通量在 GaN 表面加工得到不同类型的表面微纳复合结构，如图 6.1 所示。实验采用平凸透镜加工，焦距 $f = 150$ mm，为获得较大面积的微纳结构区域，采用斜入射加工方向，入射角度为 45°，因此其聚焦光斑为椭圆形，长轴方向直径为 60 μm。图 6.1 为不同激光通量下飞秒激光一步法单点加工得到的 GaN 表面微纳结构形貌光学显微镜/AFM 图，其中图 6.1（a）～（e）的激光通量分别为 0.23 J/cm²、0.43 J/cm²、0.47 J/cm²、0.50 J/cm² 和 0.70 J/cm²，每个图像的上排图像为光学显微镜图像，下排图像为 AFM 图像。如图 6.1（a）～（e）所示，在单脉冲辐照后，与其他半导体材料（如 Si）被飞秒激光加工后得到的光滑结构不同[18,19]，椭圆结构内部被飞秒激光诱导得到十分明显的微纳复合结构。在不同的激光通量辐照下，微纳复合结构在椭圆结构中的分布有所不同。当激光通量为 0.23 J/cm² 时，微纳复合结构聚集在辐照区域的中心，如图 6.1（a）所示。随着激光通量的增加，这些微纳复合结构逐渐向外扩散，在中心留下一个平坦的区域，如图 6.1（b）所示。随着激光通量的继续增加，辐照区域的中心再次出现微纳复合结构，如图 6.1（c）～（e）所示，这些微纳复合结构的分布范围随着激光通量的增加而向外扩展。如图 6.1（c）所示，在激光辐照区域的中心和边缘区域均出现了微纳复合结构，其中中心区域的结构与边缘区域的结构大小相同，被一个平坦的环形区域隔开。然而，图 6.1（d）和（e）中边缘区域的微纳复合结构与图 6.1（c）中相比尺寸较小，平坦环形区域较窄，且图 6.1（e）的中心区域有许多亚微米颗粒。综上所述，经不同能量密度飞秒激光辐照后的最终结构可分为三种类型：中心微纳复合结构（0.23 J/cm²）、中心平坦结构（0.43 J/cm²）和边缘/中心微纳复合结构（0.47/0.50/0.70 J/cm²），且在 0.70 J/cm² 通量下在辐照中心出现亚微米颗粒。

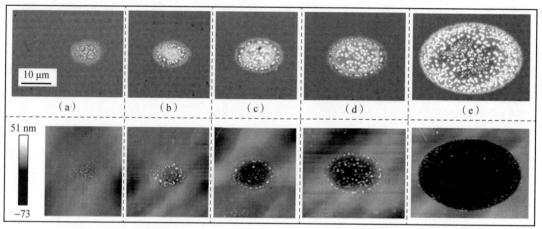

图 6.1 不同激光通量下飞秒激光一步法单点加工 GaN 表面微纳结构形貌图

（a）0.23 J/cm²；（b）0.43 J/cm²；（c）0.47 J/cm²；（d）0.50 J/cm²；

（e）0.70 J/cm²；上排为光学显微镜图像，下排为 AFM 图像

图 6.2 为不同激光通量下飞秒激光一步法单点加工 GaN 表面微纳结构 SEM 形貌图，其中图 6.2（a）～（c）与（e）（f）的长度标尺为 5 μm，图 6.2（g）的长度标尺为 1 μm。从图 6.2 和图 6.1 的 AFM 图中均可以明显看出，飞秒激光辐照诱导得到的微纳复合结构为凸起结构。从微纳结构形貌演变规律来看，符合随激光通量增加形成三种微纳结构类型的规律。图 6.2（f）为图 6.2（f）方框内区域的放大图，可以看出，尽管激光通量已经增加为最小使用能量的约 3.5 倍，但位于椭圆结构边缘的微纳结构仍然没有消失，仅仅表现为尺寸减少，且与中心区域的微纳结构有明显界限。

为了进一步表征结构的形态和尺寸，图 6.2（d）和（h）显示了从激光照射区域的边缘区域选取结构［对应图 6.2（g）］的 AFM 形貌图与横截面 x - z 图。从图 6.2（h）中可以看出，微纳米复合结构大多为约宽 1 μm、高 40 nm 的微凸起。

6.1.2　激光诱导 GaN 光电响应性能提升研究

GaN 材料作为第三代新型半导体材料，其一个主要的应用就是在光电器件领域作为蓝紫光发射 LED。蓝光发射 LED 已有较多研究[20-24]且在相关产业中技术已相对成熟，而紫光发射 LED 鲜少有人研究。为了研究飞秒激光辐照 GaN 在紫外波段的光学特性和应用前景，利用 He：Cd 激光（325 nm）激发测量了 GaN 在未经飞秒激光辐照和辐照后的光致发光（PL）

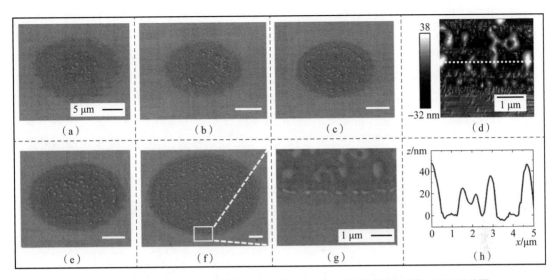

图 6.2　不同激光通量下飞秒激光一步法单点加工 GaN 表面微纳结构 SEM 形貌图

(a) 0.23 J/cm²；(b) 0.43 J/cm²；(c) 0.47 J/cm²；(e) 0.50 J/cm²；(f) 0.70 J/cm²；
(g) 为 (f) 方框区域放大图；(d)(h) 为放大区的 AFM 形貌图与横截面 $x-z$ 图

光谱。如图 6.3 所示，测量了在 GaN 原始样品上和五个通量下飞秒激光辐照后最终结构处的归一化 PL 强度，测量温度为室温。由图 6.3 中可以发现，在原始样品上 PL 峰位于3.47 eV的位置，这是由于被供体束缚的激子与自由激子进行重组而导致了辐射发光[25-27]。经过飞秒激光烧蚀后，峰值位置基本保持不变，PL 光谱归一化强度从 0.23 J/cm² 开始先随着激光能量密度的增加而降低，当能量密度达到 0.43 J/cm² 时，PL 强度随着激光能量密度的增加逐渐增加，这可能是由于通过飞秒激光烧蚀引入了非辐射中心[28]。当能量密度继续上升达到 0.70 J/cm² 时，PL 强度与未加工区域相比提高了大约 5.5 倍。

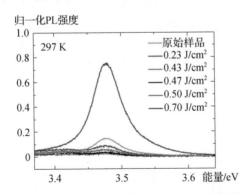

图 6.3　GaN 原始区域和不同能量密度飞秒激光照射改性区域在室温下的归一化 PL 强度

内量子效率作为 LED 性能最重要的判定参数之一，表示辐射复合与总能量弛豫过程的比率，可以通过测量变温度 PL 光谱来计算。在半导体材料中，激子的复合方式有以下三种：第一种是激子被缺陷态捕获；第二种是激子自身发生复合并以光子的形式释放能量，即发生辐射复合；第三种是激子激发其他电子或者空穴使其跃迁到更高能级，即发生俄歇复合。内量子效率是指辐射复合占整体能量弛豫过程的比值。图 6.4 显示了在变温度条件下测量的归一化 PL 光谱,其中图 6.4(a)为原始 GaN 样品,图 6.4(b)为经 0.70 J/cm² 飞秒激光照射改性后的 GaN 样品。测量 PL 光谱的温度条件范围为 5~305 K。之所以从 5 K 开始,是因为在普遍的变温 PL 光谱中,通常假设在 $T = 5$ K 的温度条件下(接近绝对零度),此时所有能量弛豫全部以辐射的形式弛豫,且晶体内的声子辅助跃迁过程可以忽略,则此时内量子效率为 1。随着温度的升高,非辐射过程在所有能量弛豫过程中逐渐起主导作用,这就使 PL 强度降低,如图 6.4 中除红色外的其他实线所示,内量子效率也随之下降。从图 6.4 可以看到,除了 PL 峰值强度在变温时有显著变化外,峰值所对应的能级也随着外界温度的增加而减少,即 PL 峰值发生左移。

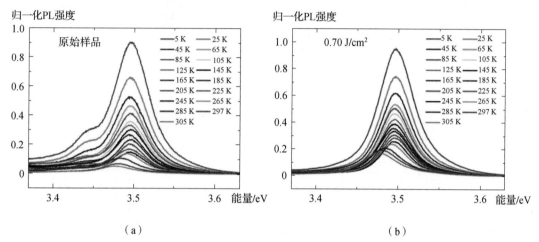

(a) (b)

图 6.4 **(a)原始 GaN 样品和(b)飞秒激光辐射 GaN 后改性区域的变温归一化 PL 光谱**
(温度改变从 $T = 5$ K 到 $T = 305$ K,飞秒激光通量为 0.70 J/cm²)(书后附彩插)

图 6.5 为根据图 6.4 提取得到的内量子效率随温度的变化图,粉色和黑色数据分别表示未经过加工的 GaN 和经过 0.70 J/cm² 飞秒激光通量加工后 GaN 所测量得到的内量子效率。从图 6.5 中可以看到,当温度增加到室温(298 K)时,未经加工过的 GaN 的内量子效率为 7.5%,而经由飞秒激光加工过的 GaN 的内量子效率增加到 23.1%。这意味着经过飞秒激光加工后,GaN 样品的内量子效率相比原始样品提高了 3 倍。

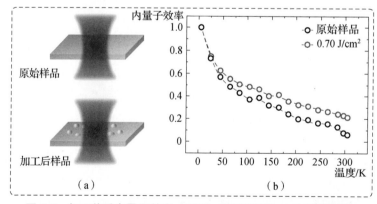

(a) (b)

图 6.5 加工前后内量子效率(IQE)随温度变化(书后附彩插)
(a)PL 测试原始样品与加工后样品示意图;(b)温度从 $T = 5$ K 到 $T = 305$ K 时 GaN 原始区域和飞秒激光改性区域的内量子效率随温度变化函数,飞秒激光通量为 0.70 J/cm²

为了解释内量子效率增加的原因，我们对原始 GaN 和由飞秒激光辐照改性 GaN 的 PL 强度的峰值位置和峰值强度随温度的变化函数做了 Varshni 拟合和 Arrhenius 拟合，如图 6.6 所示。

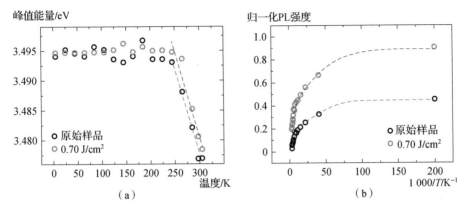

图 6.6　原始 GaN 区域和飞秒激光辐照 GaN 改性区域 PL 光谱

（a）峰值位置随温度变化的 Varshni 拟合；（b）峰值强度随温度变化的 Arrhenius 拟合，

其中圆圈表示实验值，虚线表示拟合曲线

半经验 Varshni 型方程可表示为[29]

$$E(T) = E(0) - \frac{\alpha T^2}{T + \beta} \tag{6.1}$$

其中，$E(0)$ 和 $E(T)$ 是 GaN 在温度为 0 K 和 T K 时的带隙；α 和 β 是拟合参数。从图 6.6（a）中可以看到，在低温时，由实验数据根据 Varshni 拟合得到的曲线大于实验数据得到的 PL 能级，它们之间的能量差为局域化能量。对于 GaN 的原始区域和改性区域，局域化能量分别为 34 meV 和 46 meV。同时，我们对 PL 强度进行了 Arrhenius 拟合[30]：

$$I(T) = I(0) / \left[1 + A_1 \exp(-E_1/k_B T) + A_2 \exp(-E_2/k_B T) \right] \tag{6.2}$$

其中，$I(0)$ 和 $I(T)$ 分别是温度为 0 K 和 T K 时的 PL 强度；A_1 和 A_2 是拟合参数；k_B 是玻耳兹曼常数；E_1 和 E_2 是两个非辐射过程的活化能。E_1 表示低温时在缺陷位置的激子被俘获导致的能量猝灭，对于 GaN 原始样品和改性样品来说分别为 27 meV 和 52 meV，这与图 6.6（a）中测量的局域化能量一致。E_2 表示载流子随温度升高而热逸出的活化能，对于 GaN 原始样品和改性样品，其活化能分别为 0.43 meV 和 3.32 meV。值得注意的是，经过飞秒激光加工后，E_1 和 E_2 分别从 27 meV 增加到 52 meV 和 0.43 meV 增加到 3.32 meV。其中 E_1 的增加表明，在低温下，缺陷处俘获的激子的活化能增加，使激子更难被缺陷俘获。同样，E_2 的增加表明，由温度升高引起的载流子热逃逸变得更加困难。因此，在具有高通量辐照的激光处理样品中，激子存在更强的局域态，从而抑制了材料的非辐射复合，这就导致了更高的内量子效率。

6.2　飞秒激光诱导的结构形成瞬态光学响应演化规律

飞秒激光作用于 GaN 后，内量子效率和 PL 强度等光电性质的变化主要归因于经过飞秒激光加工后诱导结构的产生，特别是在 0.70 J/cm² 通量下，GaN 的 PL 强度和内量子效率显著提升，这与上一节中提到的结构变化一致。相对于其他激光通量下 GaN 表面的结构，在

0.70 J/cm² 通量下除形成边缘/中心微纳复合结构外，在辐照中心还出现了亚微米颗粒。因此，为了解释飞秒激光诱导结构提升光电响应性能的机制，以及不同通量下结构形成的物理过程，可采用 XPS 元素分析和泵浦探测技术进行分析与机理解释。

6.2.1 元素成分分析光电响应性能提升机理

PL 光谱和内量子效率的变化与 GaN 表面受激光能量依赖的烧蚀结构形态密切相关。特别是当激光通量达到 0.70 J/cm² 时，PL 光谱和内量子效率得到明显增强，0.70 J/cm² 与其他通量辐照后得到的结构形态的主要区别在于亚微米颗粒出现在辐照区域的中心。为了研究最终结构的形成机制，尤其是亚微米颗粒的元素组成分析，对原始区域和激光改性区域进行了 XPS 元素分析，Ga 和 O 的结果分别绘制在图 6.7 （a）和（b）中。如图 6.7 （a）所示，Ga 元素的 XPS 谱线峰被解卷积为四个主要成分，包括 Ga – Ga 悬键（18.1 eV）、金属 Ga（18.5 eV）、Ga – N（19.6 eV）和 Ga – O（20.7 eV）键；如图 6.7 （b）所示，O 元素的 XPS 谱线峰被解卷积为两种主要成分，包括 Ga – O（530.4 eV）和吸附氧（532.5 eV）。其中，Ga – Ga 悬键、金属 Ga 和 Ga – O 的出现主要归因于 GaN 的热分解和氧化。如图 6.7 所示，随着能量密度的增加，金属 Ga 和 Ga – O 的成分增加，这表明 GaN 在飞秒激光烧蚀过程中发生了强烈的分解和氧化。由于飞秒激光 800 nm 波长具有很长的穿透深度，这使飞秒激光不仅与 GaN 表面发生相互作用，还会与内部材料发生相互作用。因此，飞秒激光会穿透到样品表面下方分解 GaN 产生 N_2，从而提升材料以形成微凸起，且 N_2 的输出与激光能量密度之间存在正相关关系。如图 6.7 （a）和图 6.1 （e）所示，在 0.70 J/cm² 的能量密度下，金属 Ga 以纳米粒子的形式大量出现。

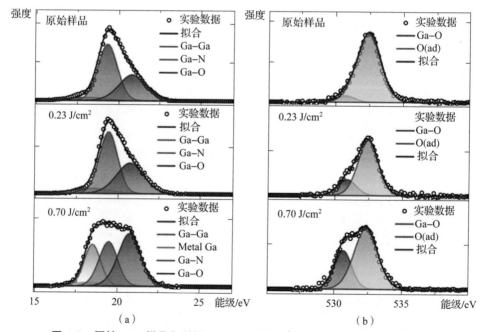

图 6.7 原始 GaN 样品和利用 0.23/0.70 J/cm² 能量密度飞秒激光辐照改性区域的 Ga 元素和 O 元素的 XPS 光谱

（a）Ga 元素；（b）O 元素

一般来说，电介质和金属表面附近电磁场的局部增强通常与至少在一个方向上存在受限电磁波有关。金属纳米粒子可以在其表面的纳米级附近产生强烈的电磁场，这源于局部表面等离子体共振，也就是金属表面上自由电子的相干集体振荡，如图 6.8 所示。局部表面等离子体可以被远场入射光激发并将光聚焦到纳米级边缘、尖端或缝隙，从而将局部电磁场强度提高 2~5 个数量级。因此，在经过高能量密度加工后的 GaN 表面，PL 光谱的激发激光会与纳米粒子诱导的表面等离子体之间发生相互耦合，从而增强局部场，增强的局部场所激发的辐射复合增强，导致了 PL 光谱强度的增强，这与之前关于金属纳米粒子辅助 GaN 实现 PL 强度增强的报道类似[31,32]。而对于内量子效率的提升，金属 Ga 纳米粒子也起到了主导作用。当环境温度逐渐从接近绝对零度增加到室温时，由于金属 Ga 纳米粒子会对激子复合产生的光子进行散射，导致一部分入射角大于全反射角的光会从正面散射到自由空间，从而增强在室温下光子的逃逸，即增强了内量子效率[33,34]。与以前的报道相比，该一步法制备可以增强光电材料 PL 强度和内量子效率，方法简单易行，无须复杂的化学合成条件，也无须引入新的金属颗粒，可应用于激光光源、防伪、光学传感等高性能 UV – LED 的制造。

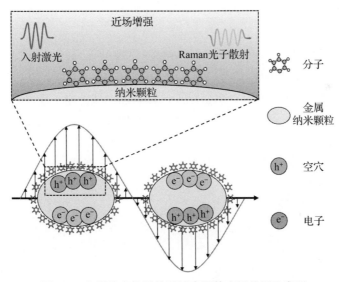

图 6.8　金属纳米粒子的局域表面等离子共振示意图

6.2.2　飞秒激光泵浦探测瞬态反射率演化机理研究

为进一步分析飞秒激光单脉冲辐照 GaN 薄膜的结构形成机制，采用时间分辨飞秒反射式泵浦探测技术记录飞秒激光与材料相互作用过程中的瞬态反射率。图 6.9 显示了时间延迟为 100~500 ps、激光通量为 0.23~0.70 J/cm² 下辐照区域的时间分辨反射率演化情况，比例尺为 10 μm。

如图 6.9（a）所示，当激光通量为 0.23 J/cm² 时，通量在烧蚀阈值附近（$F_{th} = 0.108 \sim 0.25$ J/cm²）[35,36]，在辐照区域的中心可以观察到一个明亮的区域，这表明 $\Delta R/R$ 为正值，反射率变化区域的大小与烧蚀区域一致。这种反射率增加现象在之前关于飞秒激光与 Al_2O_3[37]、熔融石英[38,39] 和 Ge[40] 相互作用的研究中同样有被观察到，这些研究报告了当飞秒激光通量

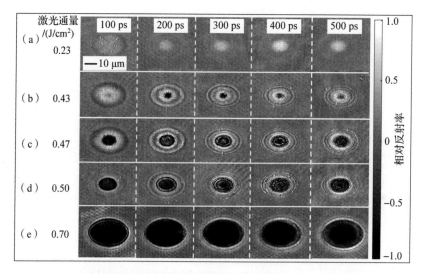

图 6.9　不同能量密度下飞秒激光辐照 GaN 薄膜时间分辨反射率演化

（a）0.23 J/cm²；（b）0.43 J/cm²；（c）0.47 J/cm²；（d）0.50 J/cm²；

（e）0.70 J/cm²；每行分别显示延迟时间为 100 ~ 500 ps 的时间分辨反射率

接近烧蚀阈值时，在皮秒时间尺度内瞬时反射率也会有类似的增加。基于 Drude 模型[39]，可以得到归一化表面反射率变化 $\Delta R/R$ 与电子密度的函数，如图 6.10 所示。因此，可以利用实验观察到的瞬态归一化表面反射率变化来计算烧蚀区域的电子密度，发现在接近烧蚀阈值的情况下（0.23 J/cm²），电子密度可达到约 4.2×10^{22} cm⁻³。材料中的电子密度达到如此高的数值表明库仑爆炸可能是反射率增加的一个原因[39]。然而，在之前的报道中，库仑爆炸所引起的相变通常认为是一个温和的材料去除过程[41-43]，这与实验结果不一致，实验结果中在辐照区域的中心并不是平坦的，而是有许多微凸起（图 6.1），这一具体原因将在下一节中讨论。

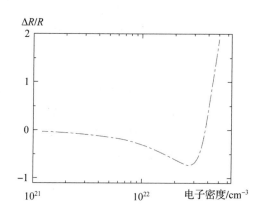

图 6.10　基于 Drude 模型的归一化表面反射率变化 $\Delta R/R$ 与电子密度的函数

对于激光通量为 0.43 ~ 0.50 J/cm² 的情况，如图 6.9（b）~（d）所示，当泵浦探测延迟从 100 ps 增加到 500 ps 时，辐照区域出现了许多环（牛顿条纹），这些环从中心扩展并向外部区域移动。随着时间延迟的增加，环的径向间距缩小，环数逐渐增加。这些牛顿环的形成原因是激光与材料相互作用期间会形成液气共存层[40]，该层的厚度会随时间动态变化，从而使牛顿环会随时间向外部区域移动。在辐照区域的中心出现了反射率较低的暗区域，这一区域的低反射率与过热液相的光吸收有关。对于激光通量为 0.70 J/cm² 的情况，从图 6.9 (e) 中可以看到，烧蚀区域的归一化相对反射率一直保持着接近 −1 的低数值，这一瞬态反射率降低现象也是由于在此时已经形成了大面积的过热液相层，过热液相层对探测光的强烈吸收导致了瞬态反射率的降低[40,44,45]。

而在激光辐照区域的边缘，如图 6.9 所示，可以看到无论激光通量为 0.23 ~ 0.70 J/cm² 中的任一种情况，在边缘处均可以观察到一个明亮的圆环。图 6.11 显示了在 500 ps 延迟时间下不同能量密度的瞬态表面反射率图像和最终结构形态之间的对比。值得注意的是，反射率明亮圆环与飞秒激光烧蚀的表面形貌环带区域一致，如图 6.11 中的红色虚线和绿色虚线所示。同时可以看出，当激光通量为 0.43 ~ 0.70 J/cm² 时，边缘处的明亮圆环的反射率与 0.23 J/cm² 激光通量作用下整个辐照区域的反射率相似，且在最终结构中均产生了微纳结构。因此，认为激光照射区域边缘出现的明亮圆环与 0.23 J/cm² 激光通量作用下反射率升高的原因相同，均归因于库仑爆炸效应。

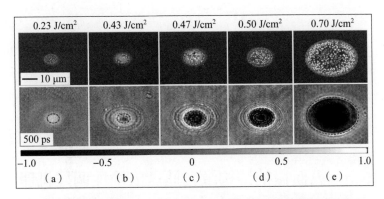

图 6.11　不同能量密度下最终烧蚀结构形貌与瞬态表面反射率对比
（泵浦探测延时为 500 ps，比例尺为 10 μm）（书后附彩插）

为了进一步量化飞秒激光作用后材料的光学性质改变，我们提取了不同激光通量辐照下 0 ~ 500 ps 探测时刻辐照区域中心的归一化表面反射率，绘制了相对反射率变化 $\Delta R/R$ 随探测延时的演化情况，如图 6.12 所示。从图 6.12 可以看出，$\Delta R/R$ 在不同通量激光辐照下呈现出不同的演化趋势。当激光通量为 0.23 J/cm² 时，$\Delta R/R$ 在探测前期略有下降，之后缓慢上升。当激光通量增加到 0.43 J/cm² 时，$\Delta R/R$ 经历了从开始到 7 ps 时先增加后缓慢下降的过程。随着激光通量继续增加到 0.47/0.50/0.70 J/cm²，$\Delta R/R$ 的演化呈现出相似的趋势，即相对反射率变化在 1 ps 时 $\Delta R/R$ 迅速增加到 1.3，随后再下降的趋势，且在这三种情况下反射率的变化趋势均比前两种情况表现得更快。这种不同进化趋势的原因将在下一节中进行解释。

图 6.13 显示了不同通量情况下在 300 ps 时刻，$\Delta R/R$ 沿椭圆信号长轴的空间演化情况。通过直接比较可以发现，在不同激光通量下最终结构的形成涉及不同的物理过程。如前文所述，可以明显观察到在 0.43 ~ 0.50 J/cm² 的激光通量下，瞬态牛顿条纹图案会引起反射率振荡；当激光通量为 0.70 J/cm² 时，在瞬态反射率的边缘也有部分振荡产生。

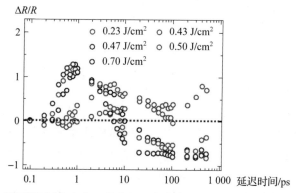

图 6.12 不同通量飞秒激光辐照区域中心归一化表面反射率变化 $\Delta R/R$ 随探测延时的演化情况（书后附彩插）

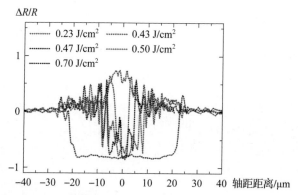

图 6.13 不同通量情况下 $\Delta R/R$ 沿椭圆信号长轴的信号变化（时间延迟为 300 ps）（书后附彩插）

6.3 表面微纳结构激光通量依赖性调控机理

在上一节中利用泵浦探测技术对不同通量飞秒激光加工 GaN 表面微纳结构的瞬态光学响应演化规律做了相关研究，研究表明在不同通量下，飞秒激光与 GaN 在飞秒到皮秒量级的瞬态光学响应有很大不同。由泵浦探测结果可知，在低通量下，材料瞬态相对反射率从飞秒一直到皮秒量级时间内持续上升，这一现象由 Drude 模型证实可能是由于库仑爆炸引起的非热相变所致；而在高通量下，材料瞬态相对反射率经历先升高再降低到负值的过程，特别是在激光与材料相互作用后期出现了牛顿环现象，这意味着在这种能量下出现了气液共存层，也就是发生了热相变。通过以上的观测研究，我们发现不同通量下激光与材料相互作用会发生相变机制的转变。接下来将从理论研究方面进一步对飞秒激光与 GaN 相互作用的具体过程和机理进行探究与解释。

6.3.1 光与物质作用机理和拉曼检测辅助分析

为了验证对泵浦探测研究结果的解释，以及关于最终结构形成过程的猜想，利用等离子体模型结合双温度模型计算材料被激光辐照后的瞬态反射率和温度演化，以揭示激光与材料相互作用过程中的物理机制[46,47]。根据激光加工 GaN 后形成三种不同形态的形貌，我们选取了 0.23 J/cm²、0.43 J/cm² 和 0.70 J/cm² 三种激光通量分别代表临近烧蚀阈值、中通量和

高通量作为典型情况进行计算。根据光与物质相互作用机理，飞秒激光与 GaN 的相互作用
过程可分为以下几个过程：①激光诱导电离过程，即电子被飞秒激光从价带非线性地电离到
导带，由于 GaN 的带隙为 3.44 eV，800 nm 激光在 GaN 中诱导表现为三光子电离；②自由
电子的加热，逆轫致辐射会引起带内加热，从而将能量传递给自由电子，使电子达到更高的
能级；③电子诱导晶格加热，能量从自由电子传递到晶格，引起晶格振动，促使晶格温度升
高；④高能电子诱导电离，导带中动能高的自由电子与价带中的束缚电子碰撞，电离出更多
的自由电子；经过一段时间后，发生过程⑤、⑥导带中的电子复合到价带和缺陷能级，自由
电子与价带中的空穴或者飞秒激光引入的缺陷中的空穴发生复合。图 6.14 展示了电子与晶
格相互作用的非平衡动力学示意图。

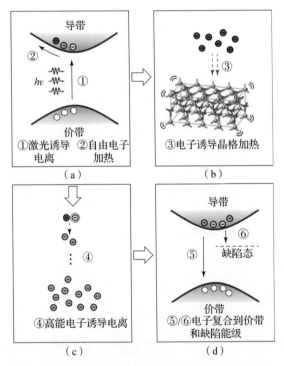

图 6.14　电子与晶格相互作用的非平衡动力学示意图

　　飞秒激光烧蚀引起的结构损伤可以将不同的缺陷态引入到不同的能带上，而在飞秒激光
与 GaN 相互作用过程中，自由电子除复合到价带外还会复合到缺陷态能级，因而其衰减时
间与缺陷态密切相关[48-51]。为了验证经过飞秒激光加工后的 GaN 是否存在缺陷，对初始
GaN 和不同通量激光辐照后的 GaN 进行了拉曼光谱分析，如图 6.15 所示。图 6.15（a）和
（b）显示了 GaN 薄膜在不同能量密度的激光照射前后的拉曼光谱及其高斯拟合。从图 6.15
（b）中可以看出，在 $490 \sim 810$ cm^{-1} 谱线区域内可以分出 5 个峰，其中 E_2(TO) 和 A_1(LO) 是
主要典型峰，分别表示平行于晶轴振动的横波振动模和以原子的拉伸与压缩为主的非极性
模。图 6.15（c）显示了 A_1(LO) 和 E_2(TO) 在不同通量激光辐照下拉曼峰的半高全宽
FWHM 变化曲线。从图 6.15（c）中，可以直接观察到 A_1(LO) 和 E_2(TO) 的 FWHM 随着激
光能量密度的增加而变宽。拉曼峰的 FWHM 与声子寿命成反比，因此拉曼峰展宽的原因可
能是杂质缺陷使声子散射概率变大，或者由于声子间非简谐效应，拉曼峰展宽是缺陷密度增

加导致的[52]。因此，针对不同的激光通量辐照情况取了三种不同缺陷密度下的衰减时间常数：在 0.23 J/cm² 激光通量下为 1.3 ns[49]，在 0.43 J/cm² 激光通量下为 500 ps[50]，在 0.70 J/cm² 激光通量下为 50 ps[51]。

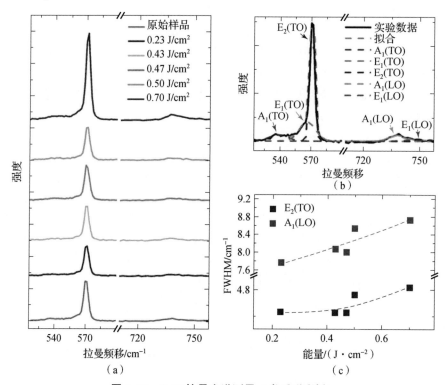

图 6.15　GaN 拉曼光谱测量（书后附彩插）

（a）GaN 薄膜在 0.23 J/cm²、0.43 J/cm²、0.47 J/cm²、0.50 J/cm² 和 0.70 J/cm² 不同激光通量下激光照射区域的拉曼光谱（b）原始 GaN 薄膜的拉曼光谱及其高斯拟合；（c）A_1（LO）和 E_2（TO）拉曼峰的半高全宽（FWHM）关于激光能量密度的函数

6.3.2　等离子体模型-改进双温模型结合理论研究

通过拉曼光谱分析我们验证了飞秒激光辐照 GaN 后缺陷态的产生，并根据文献确定了三种不同缺陷密度下的衰减时间常数。基于飞秒激光与材料相互作用过程，将上一小节中所述具体过程用等离子体模型和改进双温模型分别描述。材料电离（I）过程可描述如下[46,47]：

$$\frac{\partial n_e(t,r)}{\partial t} = \delta_N \frac{I(t,r)^N}{h\nu} - \frac{n_e(t,r)}{\tau_d} \tag{6.3}$$

其中，n_e 为自由电子密度；I 为激光强度；δ_N 为 N 个光子电离的横截面。第一项描述了飞秒激光辐照后材料吸收光子进行多光子电离的过程，考虑三光子吸收，对于 GaN 来说 $\delta_N = 0.11$ cm³/GW²[48]。第二项描述了自由电子的复合过程，对应上述过程⑤⑥，τ_d 为自由电子的衰减时间常数，其数值取决于不同通量激光引起的缺陷密度。根据上一小节中的分析，取不同通量情况下的衰减时间常数分别为 1.3 ns、500 ps 和 50 ps。

Drude 模型被用于描述与 n_e 密切相关的光学特性的演变[46]：

$$\varepsilon(t,r) = \varepsilon_v + \left(\frac{n_e(t,r)e^2}{m_e\varepsilon_0}\right)\left(\frac{\tau_e^2(t,r) + i\tau_e(t,r)/\omega}{1 + \omega^2\tau_e^2(t,r)}\right) \tag{6.4}$$

其中，e 为电子电荷量；m_e 为电子质量；ε_0 为真空介电常数；ω 为激光频率；τ_e 为考虑电子 – 声子碰撞和电子 – 离子碰撞效应的电子弛豫时间，可以通过文献 ［40］ 中的方程获得。ε_v 是本征介电函数，可归因于半导体中的自由电子和价电子[2]：

$$\varepsilon_v = 1 + \frac{3(n_0 - n_e)\chi}{3 - (n_0 - n_e)\chi} \qquad (6.5)$$

其中，n_0 是 GaN 薄膜中的原始价电子密度；χ 是由 Clausius – Mossotti 关系得出的电极化率。

当自由电子密度被飞秒激光激发上升后，激光的能量也顺势传递给电子，使电子温度迅速升高，随后晶格被加热，其温度缓慢升高，即过程②。这一光子、电子和晶格中的能量转移过程可以用双温度模型来描述[46]。

$$C_e \frac{\partial T_e(t,r)}{\partial t} = \nabla(k_e \nabla T_e(t,r) - G(T_e(t,r) - T_{ph}(t,r)) + S(t,r) \qquad (6.6)$$

$$C_{ph} \frac{\partial T_{ph}(t,r)}{\partial t} = G(T_e(t,r) - T_{ph}(t,r)) \qquad (6.7)$$

其中，C_e 和 C_{ph} 分别为电子和晶格的比热；k_e 为自由电子热导率；G 为电子 – 晶格耦合因子；S 为激光源项，可描述为 $S(t,r) = 2\omega n_2 I / n_e c$，其中 c 为光速。考虑到高能电子可以与价电子产生相互作用（过程④），假设等离子体频率 ω_p 随温度增加，则有 $\omega_p^{-1}(\partial \omega_p / \partial T_{ph}) = K_c$。在我们的实验条件下，$K_c$ 为常数参数，取值为 4×10^{-5}，且 $\omega_p^2 = n_e e^2 / m_e \varepsilon_0$[53,54]。

通过对飞秒激光与 GaN 相互作用的过程进行建模，可以在强激光脉冲辐照后计算瞬态光学特性，以及电子和晶格动力学演化。考虑到在激光作用后 10 ps 之前的瞬态光学特性主要受自由电子的影响，10 ps 之后会受到相变等模型中无法考虑的因素的影响，因此我们在研究中仅计算了 10 ps 之前的瞬态反射率。在 GaN 被激光辐照后 10 ps，瞬态反射率变化主要归因于激光诱导的光致电离/碰撞电离和缺陷态引起的电子 – 空穴复合之间的竞争，图 6.16 显示了不同激光通量下实验结果和模拟计算得到的表面反射率变化 $\Delta R/R$ 随时间的函数，其中实线为模拟计算结果，圆圈为实验数据结果，可以看出计算结果与实验结果吻合较好。对于激光通量为 0.23 J/cm² 的情况，如图 6.16 中所示，$\Delta R/R$ 在 1 ps 之前略有下降，这是因为根据 Drude 模型，$\Delta R/R$ 与电子密度并不是成正比的关系。在这种情况下，无法电离出大量的种子电子，该种子电子有利于之后的高能电子诱导电离，因此 $\Delta R/R$ 在激光辐照

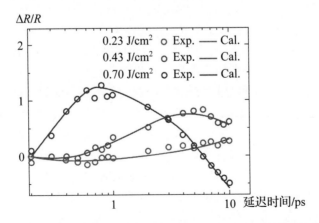

图 6.16　不同激光通量下表面相对反射率变化 $\Delta R/R$ 随时间的函数

前期接近甚至小于 0。随后由于电子的碰撞电离和电子加热过程，且自由电子的衰减时间较长，电子密度缓慢增加。对于激光通量为 0.43 J/cm² 的情况，较高的能量密度加速了电子的电离，增加了电子密度，从而使反射率升高；而在这种情况下，激光诱导的缺陷也变多，导致电子的衰减时间缩短，从而使电子密度在 6 ps 时就开始下降。随着能量密度增加到 0.70 J/cm²，由光致电离引起的种子电子密度急剧增加，导致反射率显著提高。随着缺陷态数目的增加，自由电子的衰减时间进一步缩短，自由电子与空穴复合的速度加快，导致反射率逐渐下降。

利用等离子模型结合改进双温模型，得到三种典型通量诱导的电子密度演化情况，如图 6.17 所示。

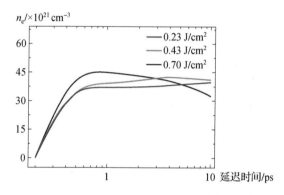

图 6.17　三种典型通量（0.23 J/cm²、0.43 J/cm² 和 0.70 J/cm²）诱导的电子密度演化情况（书后附彩插）

考虑到瞬态光学性质不仅受电子密度的影响，还会受相变的影响，因此这里又计算了电子温度和晶格温度，以解释在泵浦探测结果中所观察到的相变时瞬态反射率的变化。图 6.18 显示了模拟计算得到的不同通量飞秒激光辐照后 GaN 表面电子温度（T_e）和晶格温度（T_{ph}）关于时间的演化函数。在强激光照射的早期阶段，电子温度因光致电离和碰撞电离吸收能量而大幅升高，由于电子和晶格系统之间此时存在显著温差，电子通过电子－声子散射将能量转移到晶格系统，使晶格被电子强烈加热。随后，当探测延时达到 15 ps 时，电子与晶格的温度达到平衡，在不同的能量密度情况下这一平衡温度不同。图 6.18 中的黑色虚线表示 GaN 的熔点（1 973 K），这在之前的文献中有所提及[55]。当激光通量为 0.23 J/cm² 时，终态晶格温度刚好低于熔点；对于激光通量为 0.43 J/cm² 和 0.70 J/cm² 的情况，终态晶格温度高于熔点，这表明在这两种情况下发生了熔化现象。特别是对于激光通量为 0.70 J/cm² 的情况，晶格被加热到远高于熔点的温度，说明此时已经产生了大面积的过热液相层，这与泵浦探测观测到的牛顿环条纹和过热液相层导致的反射率下降结果吻合 ［图 6.9（b） 和（e）］。同时，正如之前的研究报道，当温度高于 1 223 K 时，GaN 会发生缓慢的热分解和氧化过程[56,57]：

$$2GaN(s) \rightarrow 2Ga(l) + N_2(g) \tag{6.8}$$

在图 6.18 所示的计算结果中，即使在最小的激光通量下，晶格温度也高于分解临界温度（1 223 K，蓝色虚线），表明在飞秒激光辐照之后 GaN 会被分解为 Ga 金属和氮气。结合 GaN 被激光辐照后的结构形貌、观测现象和理论结果，认为在不同通量下三种类型结构的形成机制可能与 GaN 的分解、熔化、气泡成核和相爆炸等有关。

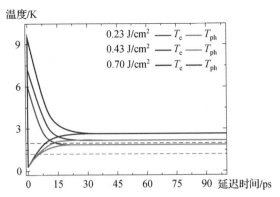

图 6.18　模拟计算不同通量激光辐照后 GaN 表面电子温度（T_e）和
晶格温度（T_{ph}）随时间演化函数（书后附彩插）

图 6.19 为不同通量激光辐照中心区域的微纳复合结构形成机制的示意图。当激光通量接近临界阈值（0.23 J/cm²）时，由于晶格温度未达到熔点，在烧蚀过程中没有熔化现象发生，但此时已经达到了 GaN 的热分解临界温度，GaN 会被分解产生 N_2。由于飞秒激光具有一定的穿透深度，材料表面下方的 N_2 靠气体升力和高内压使表面变形并形成中心微凸起结构，如图 6.19（a）所示。在之前的研究中也报道过类似的机制，有学者在 CaF_2 中观察到了类似的由氟气形成微凸起的现象[58,59]。对于低通量辐照的情况（0.43 J/cm²），随着 N_2 的增加，由于 GaN 有限的极限强度，微凸起发生坍塌并消失。在这种情况下，大部分激光能量被表面吸收，尽管晶格温度和反射率演化图像表明此时 GaN 发生了轻微熔化，但不足以形成微凸起。因此，在 0.43 J/cm² 激光通量作用下的表面去除最终形成了中心平坦结构，如图 6.19（b）所示。对于中能量和高能量密度（0.47～0.70 J/cm²）的情况，额外的激光能量

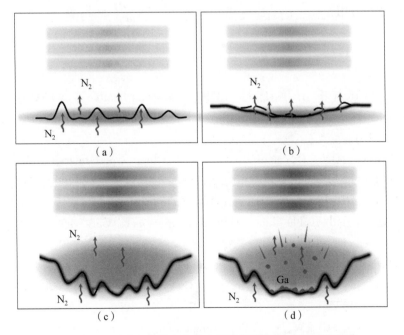

图 6.19　不同激光能量密度中心区微纳结构形成机理示意图

可以继续被内部吸收，这使 GaN 的分解变强，晶格温度继续升高，从而在过热的熔化层中发生气泡的不均匀成核[60]。因此，在这种情况下辐照区域的中心再次充满了微凸起，如图 6.19（c）所示。同时，正如前面所述 XPS 测试结果中的那样，当激光通量达到 0.70 J/cm²时，Ga－N 键的断裂促进了金属 Ga 的形成。此外，Ga 由于其熔点较低（303 K）而在高温下熔化[61]，紧接着因为气泡半径达到临界尺寸发生相爆炸。随后，Ga 液滴在中心区域飞溅形成亚微米颗粒，如图 6.19（d）所示，验证了 GaN 被高通量飞秒激光辐照后 PL 和内量子效率增强的增强机制。值得注意的是，在激光通量为 0.70 J/cm²时，辐照区域环形外围的微凸起的尺寸变小，这归因于中心微凸起结构的向外挤压。

通过对新型半导体材料在飞秒激光作用后的物理机制进行深入研究，我们提出了一种在 GaN 薄膜上利用飞秒激光一步法制备来增强光电器件内量子效率的方法。经过飞秒激光加工后，GaN 样品的 PL 强度提高了约 5.5 倍，内量子效率从 7.5% 提高到了 23.1%。同时，本章对飞秒激光照射下 GaN 薄膜的电子动态演化和结构形成机理进行了实验和理论研究。研究发现，在单脉冲飞秒激光烧蚀后，GaN 被辐照区域出现微纳复合结构。在不同的能量密度下，有三种类型的微/纳米结构形成，分别为中心微纳复合结构（低通量）、中心平坦结构（中通量）和边缘/中心微纳复合结构（高通量），且在高通量下辐照中心出现亚微米颗粒。在实验解释方面，利用飞秒激光泵浦探测技术探究时间分辨的反射率演化情况，揭示不同激光通量下的烧蚀机制。在理论解释方面，应用改进等离子体模型结合双温模型研究飞秒激光烧蚀 GaN 这一物理过程，计算激光辐照后材料的瞬时光学特性、电子动力学和晶格动力学。计算结果与实验结果吻合较好，验证了不同衰减时间常数和高能电子诱导电离的假设。此外，利用拉曼光谱和 XPS 分析证实了 GaN 缺陷的出现和分解，进一步揭示了不同能量辐照下结构的形成机制。这一结果不仅揭示了飞秒激光照射 GaN 后 PL 强度和内量子效率的增强机制，而且揭示了 GaN 与飞秒激光之间的相互作用机制，促进飞秒激光在 GaN 和其他宽带隙半导体上的潜在应用，如 UV－LED、光电探测器、PN 结、随机激光器等。

参考文献

［1］ LEE S Y, PARK K Il, HUH C, et al. Water－resistant flexible GaN LED on a liquid crystal polymer substrate for implantable biomedical applications ［J］. Nano Energy, 2012, 1 (1)：145－151.

［2］ LI D, SUN X, SONG H, et al. Realization of a high－performance GaN UV detector by nanoplasmonic enhancement ［J］. Advanced Materials, 2012, 24 (6)：845－849.

［3］ ISLIM M S, FERREIRA R X, HE X, et al. Towards 10 Gb/s orthogonal frequency division multiplexing－based visible light communication using a GaN violet micro－LED ［J］. Photonics Research, 2017, 5 (2)：A35.

［4］ DESHPANDE S, HEO J, DAS A, et al. Electrically driven polarized single－photon emission from an InGaN quantum dot in a GaN nanowire ［J］. Nature Communications, 2013, 4 (1)：1675.

［5］ GAO B, CHEN T, CUI W, et al. Processing grating structures on surfaces of wide－bandgap semiconductors using femtosecond laser and phase mask ［J］. Optical Engineering, 2015,

54 （12）: 126106.

[6] HALSTUCH A, WESTREICH O, SICRON N, et al. Femtosecond laser inscription of Bragg gratings on a thin GaN film grown on a sapphire substrate [J]. Optics and Lasers in Engineering, 2018, 109 （1）: 68 – 72.

[7] ARITA M, LE ROUX F, HOLMES M J, et al. Ultraclean Single Photon Emission from a GaN Quantum Dot [J]. Nano Letters, 2017, 17 （5）: 2902 – 2907.

[8] BORNEMANN S, YULIANTO N, SPENDE H, et al. Femtosecond Laser Lift – Off with Sub – Bandgap Excitation for Production of Free – Standing GaN Light – Emitting Diode Chips [J]. Advanced Engineering Materials, 2020, 22 （2）: 1901192.

[9] JEONG H, PARK D J, LEE H S, et al. Light – extraction enhancement of a GaN – based LED covered with ZnO nanorod arrays [J]. Nanoscale, 2014, 6 （8）: 4371 – 4378.

[10] WANG W, YANG W, GAO F, et al. Highly – efficient GaN – based light – emitting diode wafers on La0. 3 Sr1. 7 AlTaO$_6$ substrates [J]. Scientific Reports, 2015, 5: 9315.

[11] CICH M J, ALDAZ R I, CHAKRABORTY A, et al. Bulk GaN based violet light – emitting diodes with high efficiency at very high current density [J]. Applied Physics Letters, 2012, 101 （22）: 223509.

[12] LI H, KANG J, LI P, et al. Enhanced performance of GaN based light – emitting diodes with a low temperature p – GaN hole injection layer [J]. Applied Physics Letters, 2013, 102 （1）: 011105.

[13] LUPAN O, PAUPORTÉ T, VIANA B, et al. Epitaxial electrodeposition of ZnO nanowire arrays on p – GaN for efficient UV – light – emitting diode fabrication [J]. ACS Applied Materials and Interfaces, 2010, 2 （7）: 2083 – 2090.

[14] SONG H, LEE S. Red light emitting solid state hybrid quantum dot – near – UV GaN LED devices [J]. Nanotechnology, 2007, 18 （25）: 255202.

[15] LUPAN O, PAUPORTÉ T, VIANA B. Low – voltage UV – electroluminescence from ZnO – Nanowire array/p – CaN light – emitting diodes [J]. Advanced Materials, 2010, 22 （30）: 3298 – 3302.

[16] YANG W, LI J, ZHANG Y, et al. High density GaN/AlN quantum dots for deep UV LED with high quantum efficiency and temperature stability [J]. Scientific Reports, 2014, 4: 1 – 5.

[17] JEONG H, JEONG S Y, PARK D J, et al. Suppressing spontaneous polarization of p – GaN by graphene oxide passivation: Augmented light output of GaN UV – LED [J]. Scientific Reports, 2015, 5: 1 – 6.

[18] BONSE J, KRÜGER J. PULSE number dependence of laser – induced periodic surface structures for femtosecond laser irradiation of silicon [J]. Journal of Applied Physics, 2010, 108 （3）: 034903.

[19] WANG Q, JIANG L, SUN J, et al. Enhancing the expansion of a plasma shockwave by crater – induced laser refocusing in femtosecond laser ablation of fused silica [J]. Photonics Research, 2017, 5 （5）: 488.

［20］ WANG Q, JI Z, ZHOU Y, et al. Diameter – dependent photoluminescence properties of strong phase – separated dual – wavelength InGaN/GaN nanopillar LEDs ［J］. Applied Surface Science, 2017, 410: 196 – 200.

［21］ SEĬSYAN R P, ERMAKOVA A V, KALITEEVSKAYA N A, et al. Thin epitaxial GaN films ablated by a pulsed KrF excimer laser ［J］. Technical Physics Letters, 2007, 33 (4): 302 – 304.

［22］ XIE Y, SUN J, JIANG L, et al. Photoluminescence Oscillations in LEDs Arise from Cylinder – like Nanostructures Fabricated by a Femtosecond Laser ［J］. Journal of Physical Chemistry C, 2019, 123 (29): 18056 – 18060.

［23］ CHEN J T, LAI W C, KAO Y J, et al. Laser – induced periodic structures for light extraction efficiency enhancement of GaN – based light emitting diodes ［J］. Optics Express, 2012, 20 (5): 5689.

［24］ MUHAMMED M M, ALWADAI N, LOPATIN S, et al. High – efficiency InGaN/GaN quantum well – based vertical light – emitting diodes fabricated on β – Ga_2O_3 substrate ［J］. ACS Applied Materials and Interfaces, 2017, 9 (39): 34057 – 34063.

［25］ REBANE Y T, SHRETER Y G, ALBRECHT M. Stacking Faults as Quantum Wells for Excitons in Wurtzite GaN ［J］. Physica Status Solidi (a), 1997, 164: 141 – 144.

［26］ RESHCHIKOV M A, MORKOç H. Luminescence properties of defects in GaN ［J］. Journal of Applied Physics, 2005, 97 (6): 061301.

［27］ PASKOV P P, SCHIFANO R, PASKOVA T, et al. Structural defect – related emissions in nonpolar a – plane GaN ［J］. Physica B: Condensed Matter, 2006, 376 – 377 (1): 473 – 476.

［28］ WANG X C, LIM G C, NG F L, et al. Subwavelength periodic ripple formation on GaN surface by femtosecond laser pulses ［J］. Surface Review and Letters, 2005, 12 (4): 651 – 657.

［29］ KASI VISWANATH A, LEE J I, YU S, et al. Photoluminescence studies of excitonic transitions in GaN epitaxial layers ［J］. Journal of Applied Physics, 1998, 84 (7): 3848 – 3859.

［30］ GRANDJEAN N, MASSIES J, GRZEGORY I, et al. GaN/AlGaN quantum wells for UV emission: Heteroepitaxy versus homoepitaxy ［J］. Semiconductor Science and Technology, 2001, 16 (5): 358 – 361.

［31］ OKAMOTO K, NIKI I, SCHERER A, et al. Surface plasmon enhanced spontaneous emission rate of InGaN/GaN quantum wells probed by time – resolved photoluminescence spectroscopy ［J］. Applied Physics Letters, 2005, 87 (7): 1 – 3.

［32］ SUN G, KHURGIN J B, SOREF R A. Practical enhancement of photoluminescence by metal nanoparticles ［J］. Applied Physics Letters, 2009, 94 (10): 101103.

［33］ CHANG T L, CHEN Z C, LEE Y C. Micro/nano structures induced by femtosecond laser to enhance light extraction of GaN – based LEDs ［J］. Optics Express, 2012, 20 (14): 15997.

［34］ OKAMOTO K, NIKI I, SHVARTSER A, et al. Surface – plasmon – enhanced light emitters based on InGaN quantum wells [J]. Nature Materials, 2004, 3 (9): 601 – 605.

[35] OZONO K, OBARA M, USUI A, et al. High – speed ablation etching of GaN semiconductor using femtosecond laser [J]. Optics Communications, 2001, 189 (1 – 3): 103 – 106.

[36] LIU W M, ZHU R Y, QIAN S X, et al. Ablation of GaN using a femtosecond laser [J]. Chinese Physics Letters, 2002, 19 (11): 1711 – 1713.

[37] Hernandez – Rueda J, PUERTO D, SIEGEL J, et al. Plasma dynamics and structural modifications induced by femtosecond laser pulses in quartz [J]. Applied Surface Science, 2012, 258 (23): 9389 – 9393.

[38] PUERTO D, GAWELDA W, SIEGEL J, et al. Transient reflectivity and transmission changes during plasma formation and ablation in fused silica induced by femtosecond laser pulses [J]. Applied Physics A: Materials Science and Processing, 2008, 92 (4): 803 – 808.

[39] SIEGEL J, PUERTO D, GAWELDA W, et al. Plasma formation and structural modification below the visible ablation threshold in fused silica upon femtosecond laser irradiation [J]. Applied Physics Letters, 2007, 91 (8): 1 – 4.

[40] BONSE J, BACHELIER G, SIEGEL J, et al. Time – and space – resolved dynamics of melting, ablation, and solidification phenomena induced by femtosecond laser pulses in germanium [J]. Physical Review B – Condensed Matter and Materials Physics, 2006, 74 (13): 1 – 13.

[41] JIANG L, WANG A D, LI B, et al. Electrons dynamics control by shaping femtosecond laser pulses in micro/nanofabrication: Modeling, method, measurement and application [J]. Light: Science and Applications, 2018, 7 (2): 17134.

[42] STOIAN R, ROSENFELD A, ASHKENASI D, et al. Surface charging and impulsive ion ejection during ultrashort pulsed laser ablation [J]. Physical Review Letters, 2002, 88 (9): 976031 – 976034.

[43] DONG Y, MOLIAN P. Coulomb explosion – induced formation of highly oriented nanoparticles on thin films of 3C – SiC by the femtosecond pulsed laser [J]. Applied Physics Letters, 2004, 84 (1): 10 – 12.

[44] SOKOLOWSKI TINTEN K, BIALKOWSKI J, CAVALLERI A, et al. Observation of a transient insulating phase of metals and semiconductors during short – pulse laser ablation [J]. Applied Surface Science, 1998, 127 – 129: 755 – 760.

[45] TKACHENKO V, MEDVEDEV N, LIPP V, et al. Picosecond relaxation of X – ray excited GaAs [J]. High Energy Density Physics, 2017, 24: 15 – 21.

[46] JIANG L, TSAI H L. A plasma model combined with an improved two – temperature equation for ultrafast laser ablation of dielectrics [J]. Journal of Applied Physics, 2008, 104 (9): 093101.

[47] RÄMER A, OSMANI O, RETHFELD B. Laser damage in silicon: Energy absorption, relaxation, and transport [J]. Journal of Applied Physics, 2014, 116 (5): 053508.

[48] MARTINS R J, SIQUEIRA J P, MANGLANO C I, et al. Carrier dynamics and optical nonlinearities in a GaN epitaxial thin film under three – photon absorption [J]. Journal of

Applied Physics, 2018, 123 (24): 1 – 6.

[49] BRANDT O, WÜNSCHE H J, YANG H, et al. Recombination dynamics in GaN [J]. Journal of Crystal Growth, 1998, 189 – 190: 790 – 793.

[50] HAUSWALD C, FLISSIKOWSKI T, GOTSCHKE T, et al. Coupling of exciton states as the origin of their biexponential decay dynamics in GaN nanowires [J]. Physical Review B – Condensed Matter and Materials Physics, 2013, 88 (7): 1 – 5.

[51] YAMAGUCHI A A, MOCHIZUKI Y, MIZUTA M. Optical recombination processes in high – quality gan films and InGaN quantum wells grown on facet – initiated epitaxial lateral overgrown GaN substrates [J]. Japanese Journal of Applied Physics, Part 1: Regular Papers and Short Notes and Review Papers, 2000, 39 (4B): 2402 – 2406.

[52] SONG S, LIU Y, LIANG H, et al. Improvement of quality and strain relaxation of GaN epilayer grown on SiC substrate by in situ SiN_x interlayer [J]. Journal of Materials Science: Materials in Electronics, 2013, 24 (8): 2923 – 2927.

[53] GUIZARD S, SEMEROK A, GAUDIN J, et al. Femtosecond laser ablation of transparent dielectrics: Measurement and modelisation of crater profiles [J]. Applied Surface Science, 2002, 186 (1 – 4): 364 – 368.

[54] BONEBERG J, YAVAS O, Mierswa B, et al. Optical reflectivity of Si above the melting point [J]. Physica Status Solidi (B), 1992, 174 (1): 295 – 300.

[55] MACCHESNEY J B, BRIDENBAUGH P M, O'Connor P B. Thermal stability of indium nitride at elevated temperatures and nitrogen pressures [J]. Materials Research Bulletin, 1970, 5 (9): 783 – 791.

[56] UEDA T, ISHIDA M, YURI M. Separation of thin GaN from sapphire by laser lift – off technique [J]. Japanese Journal of Applied Physics, 2011, 50 (4 PART 1).

[57] GRINYS T, DMUKAUSKAS M, ŠČIUKA M, et al. Evolution of femtosecond laser – induced damage in doped GaN thin films [J]. Applied Physics A: Materials Science and Processing, 2014, 114 (2): 381 – 385.

[58] BENNEWITZ R, SMITH D, REICHLING M. Bulk and surface processes in low – energy – electron – induced decomposition of CaF_2 [J]. Physical Review B – Condensed Matter and Materials Physics, 1999, 59 (12): 8237 – 8246.

[59] RAFIQUE M S, BASHIR S, HUSINSKY W, et al. Surface analysis correlated with the Raman measurements of a femtosecond laser irradiated CaF_2 [J]. Applied Surface Science, 2012, 258 (7): 3178 – 3183.

[60] BONSE J, BAUDACH S, KRÜGER J, et al. Femtosecond laser ablation of silicon – modification thresholds and morphology [J]. Applied Physics A: Materials Science and Processing, 2002, 74 (1): 19 – 25.

[61] LIU Z, BANDO Y, MITOME M, et al. Unusual freezing and melting of gallium encapsulated in carbon nanotubes [J]. Physical Review Letters, 2004, 93 (9): 3 – 6.

第 7 章

超快动力学在表面界面材料及器件的应用

随着光电器件的尺寸越来越小甚至进入纳米量级，半导体光电材料近表面几十至几百纳米区域内的载流子动力学过程对器件性能起着至关重要的影响。材料表面载流子的超快动力学研究是控制纳米尺度半导体光电材料及器件应用的关键。其核心挑战就是准确直观地在时间和空间范围内探索微纳尺度下光与材料的相互作用的超快动力学规律。四维超快扫描电子显微镜为超快动力学高时空分辨研究提供了有效手段，可以广泛应用于以下研究中：①微纳光电子器件表面和界面上的超快光电性质测量；②太阳能电池中的载流子动力学过程研究；③光催化反应中能量转移和电子的复合原位研究；④生物大分子及其复合体系中的电荷和能量转移过程。

7.1   形貌对表面载流子动力学的影响

半导体硒化镉（CdSe）广泛应用于电子发射器、光导体、光敏元件和生物医学等领域。应用四维超快扫描电子显微镜（图 7.1），我们分别对 CdSe 单晶及其薄膜进行实时成像，研究其表面载流子的动态变化过程及机理。在 S－UEM 的探测过程可以划分为两种不同的探测体制：电子－光子探测机制和光子－电子探测机制。电子－光子探测即作为探测的电子束脉

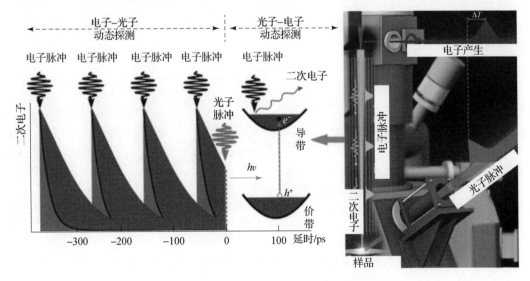

图 7.1   四维超快扫描电子显微镜及其机理

冲先于作为泵浦的激光脉冲到达样品，也就是常说的时间负轴。光子－电子探测即作为泵浦的激光脉冲先于作为探测的电子束脉冲到达样品，也就是常说的时间正轴。不同探测体制下所得信号的机理是不同的[1,2]。

仪器搭建（图7.2）概述如下：将高功率飞秒光纤激光器与改进的扫描电子显微镜相结合，实现超快扫描电子显微镜。高功率飞秒光纤激光器的基本工作波长为1 030 nm，脉冲重复频率可以覆盖200 kHz～25 MHz范围。激光的基本输出经过分光镜1:1同步进入两个倍频和三次谐波发生器，产生515 nm或343 nm的脉冲。其中第一个倍频谐波发生器产生的515 nm激光脉冲作为泵浦光将以50°入射到样品上，将样品激发到激发态。计算机控制的时间延迟平台（覆盖－0.6～6.0 ns）用于实现时间分辨。第二个倍频或三次谐波发生器产生515 nm或343 nm的激光脉冲，作为探测光将通过高温窗口精准聚焦到冷却的Schottky场发射灯丝并产生光电子脉冲，经过1～30 kV电压加速，聚焦样品上与样品相互作用。作为泵浦的激光脉冲和作为探测的电子束脉冲通过二次电子成像，探测和记录了样品光物理过程的动态信息[3,4]。

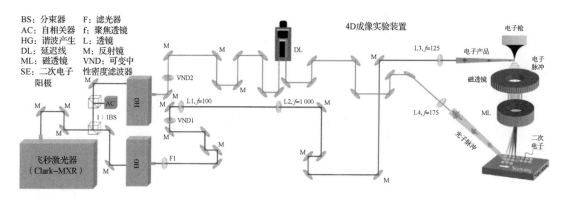

图7.2　四维超快扫描电子显微镜光路图

这套仪器成功地实现了纳米量级（5 nm）的空间分辨率和飞秒量级（650 fs）的时间分辨率，如图7.3所示，准确直观地在时间和空间范围内探索微纳尺度下光与物质的相互作用的基本规律。

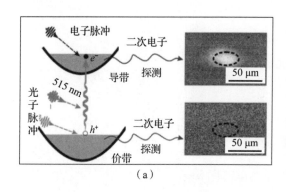

（a）

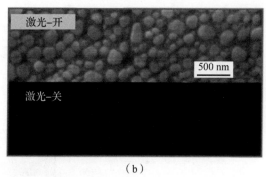

（b）

图7.3　四维超快扫描电子显微镜的时间和空间分辨率

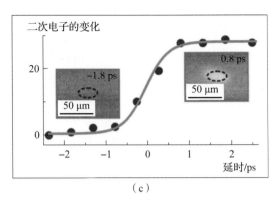

（c）

图 7.3　四维超快扫描电子显微镜的时间和空间分辨率（续）

如图 7.4 所示，在激光辐照区域，CdSe 半导体材料中的电子从价带跃迁到导带，二次电子发射概率更大，因此与激光未辐照区域相比，图像更明亮。使用 S–UEM 确定表面形貌对表面载流子动力学的影响[1]。与单晶 CdSe 相比，在 CdSe 粉末薄膜中可以观察到 SE 信号的快速恢复（图 7.4）。这种差异可以归因于粉末膜表面缺陷可以作为快速载流子淬火中心，大幅减少了激发态载流子的数量，从而产生了鲜明的对比。这证明了表面形貌是决定光活性材料载流子动力学的关键[5]。

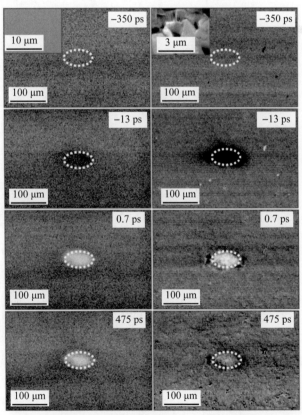

图 7.4　时间分辨四维超快扫描电子显微镜图像［CdSe 单晶（左）和粉末（右）在指示时间延迟下的时间分辨 SE 图像，最上方两幅图像的插图中的扫描电镜图像显示了晶体和薄膜的不同形态］

通过时间分辨图像所提取的载流子动态光谱表明，CdSe 薄膜的载流子复合速率明显高于其单晶，如图 7.5 所示，进而证实了表面形貌、晶粒尺寸及表面缺陷均为控制载流子动力学的关键因素。我们的研究结果为光电器件的制备及应用提供了理论基础。

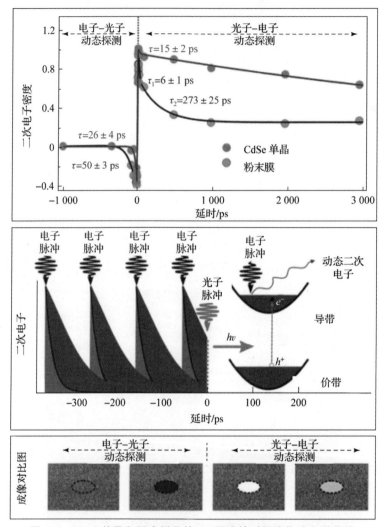

图 7.5 CdSe 单晶和粉末样品的 SE 强度的时间演化动力学曲线

此外，我们还研究了吸收层厚度对载流子动力学的基本影响。时间分辨图像表明，载流子的动力学对吸收层的厚度高度敏感，如图 7.6 所示，使用不同厚度的 CdSe 薄膜作为模型系统，显示了不同厚度 CdSe 薄膜 SE 图像的动态变化，所发现的观测结果不受每个像素处使用的停留时间或帧平均的影响，因此排除了一系列电子脉冲撞击造成的伪影解释。在较大的负延迟时间（如 −450 ps 指的是电子脉冲到达样品的时间比时钟激光脉冲早450 ps）没有看到任何变化，这清楚地表明，在下一个频闪探测事件之前，在 2～8 MHz 的重复频率下，样品完全恢复到其初始平衡状态。在正时间，光脉冲到达激光照射区域后，所有 CdSe 薄膜立即出现明亮的对比。结果表明，样品的厚度在正时间不影响载流子动力学。

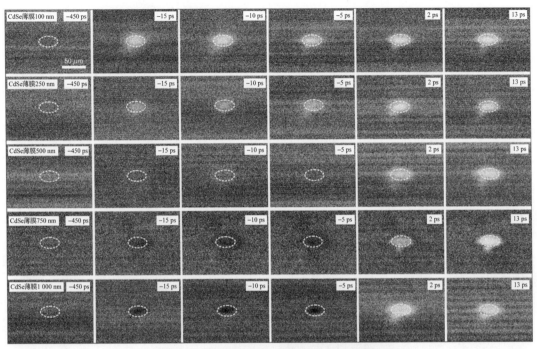

图 7.6　不同厚度 CdSe 薄膜的时间分辨图像

在使用低着陆能量 PEs 的实验中，我们发现了对上述机制的进一步支持。图 7.7（a）显示了不同延迟时间下 CdSe（0001）单晶在 515 nm 激发脉冲下观察到的时间分辨 SE 图像。即使试样很厚，在激光照射区域也能看到明亮的衬度。然而，在 1 keV 时，PEs 的影响范围约为 10 μg/cm²，或 CdSe 的影响范围约为 20 nm。因此，高能电子只在表面区域附近产生，能量获取机制占主导地位。由于大块样品相当于几十纳米厚度的非常薄的薄膜 [图 7.7（b），100 nm 厚 CdSe]，与使用 30 keV 原电子束的结果对比鲜明 [图 7.7（b），1 μm 厚 CdSe]。这一发现为 S–UEM 在材料研究中的广泛应用提供了基础，并影响了这些器件中光活性材料的优化[2]。

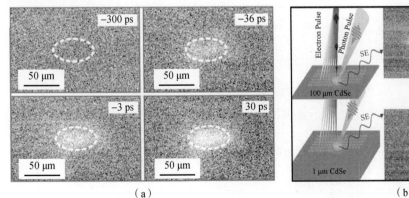
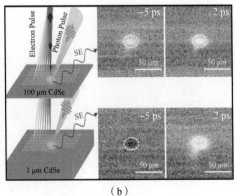

（a）　　　　　　　　　　　　　　　　　（b）

图 7.7　不同实验条件下的 CdSe 动力学

（a）CdSe（0001）单晶在选定时间内由 1 keV 脉冲原电子获得的时间分辨差分图像；

（b）用 30 keV 脉冲原电子获得 100 nm 和 1 μm 厚 CdSe 薄膜的时间分辨差分图像

7.2 铟镓氮纳米线表面载流子动力学

前面所提到的光电器件与我们的日常生活息息相关，随着光电器件的尺寸越来越小甚至进入纳米量级，光电材料近表面几十至几百纳米区域内的载流子动力学过程对器件性能起着至关重要的影响。材料表面载流子超快动力学研究是控制纳米尺度光电器件应用的关键。而半导体纳米线由于其生长的可控性、性能优异等成为新一代纳米光电器件的首选材料[6,7]。

铟镓氮（InGaN）是Ⅲ族氮化物宽禁带半导体家族的核心成员之一，其带隙可以从 0.7 eV（InN）到 3.4 eV（GaN）连续改变，涵盖从近红外到紫外的整个可见光光谱范围，与太阳光谱完美匹配，是理想的发光器件与固态照明材料。然而表面缺陷会显著减少载流子密度，进而影响器件的转换效率，因此，为了提高 InGaN 器件的光电性能，通过钝化处理有效地控制表面态是非常关键的。

如图 7.8 所示为 InGaN 纳米线在十八烷基硫醇（Octadecylthiol，ODT）表面处理前后的稳态吸收谱线[3]。处理前样品的带隙是 1.65 eV，而 ODT 处理后的带隙是 1.67 eV。0.02 eV

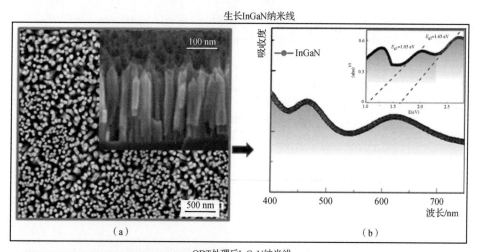

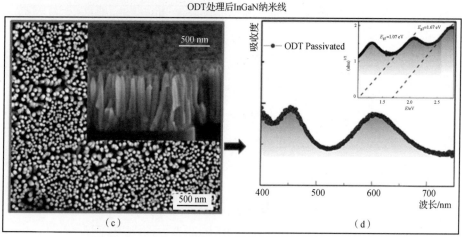

图 7.8 InGaN 纳米线在 ODT 表面处理前后的稳态吸收谱线

微小的差别是由于钝化处理只影响了表面几个原子层的电子性质。因此，ODT 处理后纳米线的任何特性改变只是由于 ODT 处理影响表面而非带隙改变。因此，准确直观地在时间和空间范围内观测载流子在材料表面的动态信息对于表面态钝化技术优化十分关键。然而由于传统激光光谱学的激光穿透深度只适用于块体研究，而传统的电子显微镜只适用于稳态研究，因此四维超快电子显微镜成为此类研究的唯一有效手段。

如图 7.9 所示，我们应用超快扫描电子显微镜在时间和空间上直观地观测到载流子动态在 ODT 表面处理前后的不同。超快扫描电子显微图像清楚地展示了 ODT 处理后的载流子复合速率明显慢于处理前，在 6 ns 时间范围内，处理前的样品信号衬度变暗并迅速恢复 45%；而处理后的样品信号衬度变暗并恢复 15%。由此可见，处理后样品载流子复合速率变慢，激子在激发态的时间更长，表明表面态的显著减少和非辐射载流子复合的减少。这有效地证明了处理后表面缺陷的减少，为材料表面的光物理机理研究提供了有力依据，进而优化下一代新型高效纳米管光电器件性能。

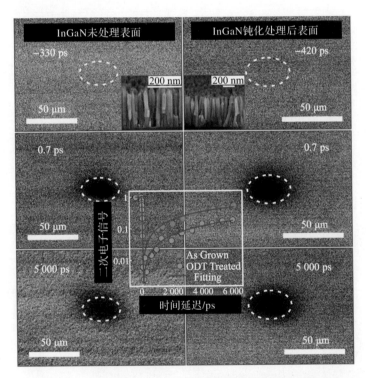

图 7.9　InGaN 纳米线的时间分辨四维超快扫描电子显微成像

更为重要的是，我们还通过超快扫描电子显微成像研究了载流子动力学过程中的能量损耗和载流子扩散[4]。如图 7.10 所示，当激光脉冲先于电子束脉冲到达样品表面时，激光辐照区域的时间分辨二次电子图像衬度变暗。这说明二次电子在迁移到表面的过程中损失了能量。随着辐照时间的流逝，图像衬度逐渐由激光辐照区向周围扩散，这起源于激光辐照区域的载流子扩散。同时，我们还注意到信号也会逐渐消失，这预示着载流子随时间的推移，发生弛豫过程。

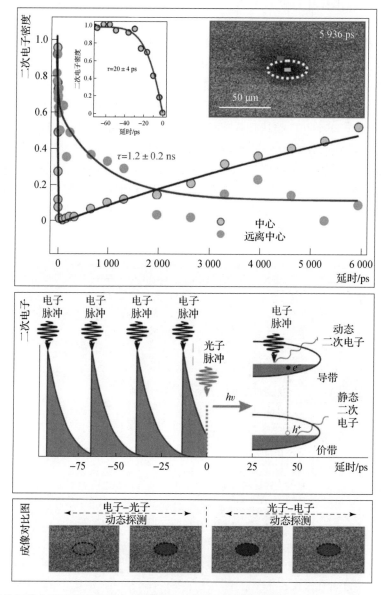

图 7.10   超快扫描电子显微成像研究载流子动力学过程中的能量损耗和载流子扩散（书后附彩插）

通过对比激光辐照区中心（黄色）及边缘（蓝色）的二次电子信号强度，发现在激光辐照区边缘的二次电子动态信号强度经过 1.2 ns 达到最大值。通过电子在 InGaN 纳米管的双极性扩散系数（$D = 26 \ \text{cm}^2/\text{s}$）来计算载流子扩散长度（$L = \sqrt{\tau D}$），得到载流子在 $\tau =$ 6 ns 的时间范围内可以扩散约 3.95 μm，这与我们的实验测量十分吻合。这一观察清楚地证实了可以通过 S – UEM 实现材料表面的载流子扩散研究，S – UEM 提供了独特的、表面直观的、深度可控的动态信息。我们还模拟了二次电子信号随时间和空间的变化，提取基本的材料参数用于描述载流子在纳米材料中的弛豫和扩散过程，进一步解释了二次电子信号损耗的机理及抑制的途径，这将为光电器件的应用提供宝贵信息。

当电子束脉冲先于激光脉冲到达样品表面时，样品由于电子作用产生非平衡态后又受到随后到达的激光脉冲干扰。图像衬度变暗起源于样品深处电子相互作用引起的等离子体激发载流子的扩散，受到激光脉冲激发产生的电子–空穴对或者其他散射过程的干扰。InGaN 纳米管的双极性扩散系数为 26 cm²/s，我们假设表面 250 nm 的纳米管贡献于二次电子信号，应用 $\tau = L^2/D$ 可以得到等离子激发载流子到达表面的时间常数约为 24 ps，与我们的拟合结果相符合。

我们还对比了 S – UEM 与超快泵浦 – 探测光谱仪测量的结果。如图 7.11 所示，在 4 ns 的时间范围内，瞬态吸收动态谱线与 S – UEM 图像提取的动态谱线完美吻合。从 464 nm 的基态漂白可以通过双指数拟合得到两个分量：2 ns 和 101 ns。2 ns 与文献中报道的 InGaN 带间激子复合寿命相符合，而 101 ns 很有可能起源于通过局域态的复合，电子和空穴的波函数很少重叠，或者通过带内俘获态极有可能产生于 In 富余的区域。

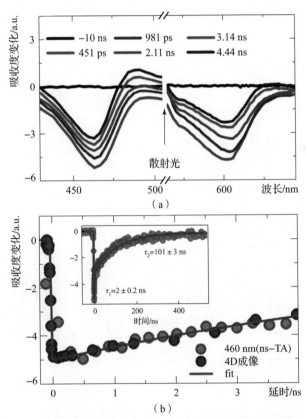

图 7.11　瞬态吸收动态谱线与 S – UEM 图像提取的动态谱线对比

采用 S – UEM 成像技术可以研究铟镓氮纳米线表面的载流子动力学和载流子扩散[4]。SE 强度演化动力学和时间分辨 SE 图像表明，在观察的时间窗口内，ODT 处理的载流子重组率从 40% 显著下降到 15%（图 7.9）。我们研究了真实的空间和时间非辐射载流子复合路径，为表面态的去除提供了直接证据。

用于模拟的参数 $D_e = D_h = 45$ cm²/s，$\gamma_1 = 4 \times 10^7$ s⁻¹，$p_2 = 4 \times 10^7$ s⁻¹（实线）；$\gamma_1 = 7 \times 10^7$ s⁻¹，$p_2 = 0$（点线）（图 7.12）。

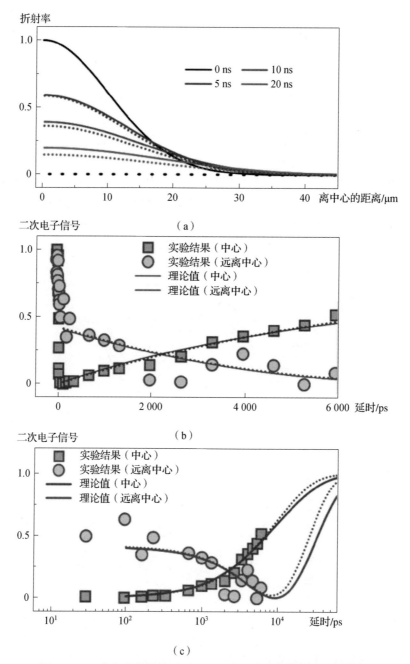

图 7.12　二次电子信号随时间和空间演化的数值模拟及实验数据

（a）电子浓度在不同时刻的分布；（b）模拟得到的激光足迹中心和外围二次电子强度超快动力学演化的数值拟合；
（c）模拟得到的从激光足迹中心和外部扩展时间尺度的二次电子强度超快动力学演化的数值拟合

　　为了进一步了解载流子弛豫和扩散过程，我们对 SE 信号在时间和空间上的变化进行了数值模拟。假设样品材料在横向上是均匀的，即物理性质可能的不均匀性被有效地平均掉了。因此，该模型涉及电子和空穴的有效扩散系数，这很可能是由单个纳米线之间的载流子迁移决定的，因为这一过程预计比载流子迁移慢得多。由于 SE 信号与材料表面的局部自由电子浓度成正比，我们考虑了激光脉冲激发纳米线后发生的两个主要过程：第一个过程是光激发自由电子和空穴在纳米线阵列边界上的扩散，导致产生 SE 信号的区域明显增大；第二个过程是自由载流子的重组导致整体 SE 信号下降。为了简化任务，我们假设激发区域为圆形，载流子扩散是各向同性的，因此可以忽略形状变化。这也使扩散问题简化为一维问题。那么，自由电子和空穴浓度的时空演化分别可以用以下方程来描述：

$$\frac{\mathrm{d}n_{\mathrm{e}}(x,t)}{\mathrm{d}t} = D_{\mathrm{e}}\frac{\mathrm{d}^2 n_{\mathrm{e}}(x,t)}{\mathrm{d}x^2} - \gamma_1 n_{\mathrm{e}}(x,t) - \gamma_2 n_{\mathrm{e}}(x,t)\cdot n_{\mathrm{h}}(x,t)$$

$$\frac{\mathrm{d}n_{\mathrm{h}}(x,t)}{\mathrm{d}t} = D_{\mathrm{h}}\frac{\mathrm{d}^2 n_{\mathrm{h}}(x,t)}{\mathrm{d}x^2} - \gamma_1 n_{\mathrm{h}}(x,t) - \gamma_2 n_{\mathrm{e}}(x,t)\cdot n_{\mathrm{h}}(x,t) \tag{7.1}$$

其中，所有浓度归一化到初始浓度的最大值 N_{e0}；D_{e} 和 D_{h} 分别为电子和空穴的扩散系数；γ_1 和 γ_2 分别为单分子和双分子的重组速率，这两个速率的维数都是 s^{-1}。为了将 γ_2 转化为 $\mathrm{cm}^3\cdot\mathrm{s}^{-1}$ 的共同维数，它必须除以 N_{e0}。后者可以通过激发脉冲能量、脉冲截面和材料吸收系数来估计。

应当指出的是，当 $\gamma_1 = \gamma_2 = 4\times10^7\ \mathrm{s}^{-1}$，$D_{\mathrm{e}} = D_{\mathrm{h}} = 45\ \mathrm{cm}^2\cdot\mathrm{s}^{-1}$ 时，拟合曲线与实验吻合的程度也非常好［见图 7.12（c）中的实线］，表明仿真结果对双分子复合不敏感，也不存在空穴，这意味着建模结果对三分子电子弛豫也不敏感，即俄歇复合过程。因此，我们可以得出结论，非辐射能量损失的主要机制涉及单分子电子弛豫，即与表面态相关的 SRH 重组。

7.3　空间和时间上的表面溶剂图案化

界面力，特别是涉及溶剂化动力学和化学反应性的界面力，对包括多相催化和腐蚀在内的一系列现象至关重要。各种表面敏感技术已经发展起来，并且对于大多数研究，成像是在高或超高真空和/或没有足够的时间分辨率的条件下进行的。环境电子显微镜的发展放宽了第一个约束，时间分辨光谱方法将时间分辨率扩展到飞秒域。然而，由于光的衍射极限，这些原位测量在试样几十微米的区域上获得了整体平均信号。为了克服这一限制，并在局部探测结构动力学，需要一种同时具有空间和时间分辨率的技术。这些原子尺度的分辨率可以实现在传输模式下使用四维超快电子显微镜（4D UEM），但对于接口，必须使用能够扫描但只对表面原子或分子敏感的探针。

环境扫描模式下的 S–UEM，在超出可见光衍射极限的材料表面实现了溶剂动力学的超快观测[5]。作为在空间和时间映射表面溶剂化的原型，S–UEM 研究了具有原子表面结构的 CdSe 表面（图 7.13），并涂有极性和非极性分子。吸附质分子与表面之间的相互作用和结构的差异是其动力学行为的主要原因。在环境模式下的 S–UEM 可以潜在地利用结构动力学的时间和空间尺度来探索反应性和界面现象。

我们研究的两种 CdSe 表面结构如图 7.14（a）所示。图 7.14（b）~（d）所示为差分图像，即 t 时刻图像与时间负轴时刻图像的对比，显示了以下极性分子的表面动力学：真空、极性水蒸气和非极性环境空气。在光脉冲到达之前对比度没有变化（即在负时间），因此表明在所使用的重复频率下，样品可以恢复到其平衡状态。在高真空中，在激发表面后，立即看到类似的明亮衬度［图 7.14（b）］。这里注意到，在表面激发通量为 55 mJ/cm^2（在没有探针电子脉冲的情况下）时，正置于样品上方的 +500 V 偏压探测器没有检测到光发射电子。在这个电场作用下，表面附近的瞬态光电子的俘获可以忽略不计。

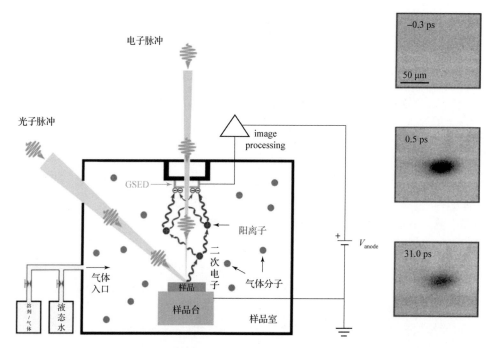

图 7.13 环境 S – UEM（原理图）与 – 0.3 ps、0.5 ps 和 31.0 ps 的三个实验数据
（图中显示了涉及的两个脉冲：初级电子束脉冲和触发变化的时钟光脉冲）

在环境空气中的两种 CdSe 表面［图 7.14（d）］以及暴露于水蒸气中的 CdSe（0001）［图 7.14（c）左］在正时间记录了类似的明亮衬度。相反，当 CdSe（1010）表面暴露在水蒸气中时，在激光照射区域观察到明显的暗衬度［图 7.14（c）右］。鉴于这些观察是在相同的实验条件下进行的，图 7.14 中的结果为 CdSe（0001）和 CdSe（1010）表面结构与环境相互作用提供了证据。

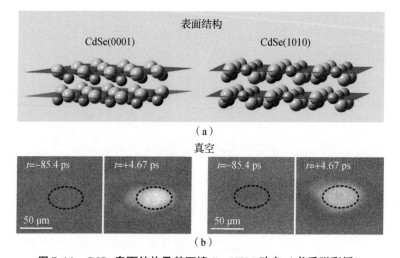

图 7.14 CdSe 表面结构及其环境 S – UEM 动态（书后附彩插）

（a）CdSe（0001）和 CdSe（1010）未重构的表面结构，黄色为 Cd 原子，灰色为 Se 原子；
（b）~（d）CdSe（0001）（左）和 CdSe（1010）（右）在高真空中（b）、暴露于水蒸气的表面

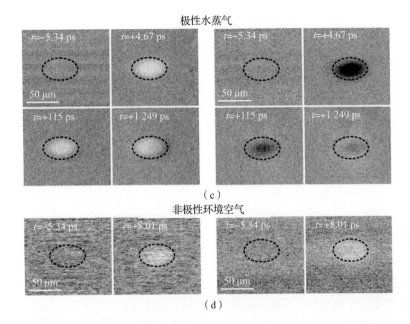

图 7.14　CdSe 表面结构及其环境 S-UEM 动态（续）（书后附彩插）

（b）~（d）CdSe（0001）（左）和 CdSe（10$\bar{1}$0）（右）在高真空中（b）、暴露于水蒸气的表面
（c）和暴露于非极性环境空气的表面（d）在指定延迟时间下参考负时间框架的差分图像

　　作为二元极性材料，CdSe 沿 c 轴有一个永久的晶体偶极矩。考虑到表面原子的排列和已知的晶体偶极矩，吸附层中的溶剂分子以不同的平衡几何结合，并在不同的表面上形成它们的优先结构［图 7.15（a）］。在激发表面时，由于高能载流子的产生，局部表面平衡发生变化，吸附层结构演变为新的平衡结构［图 7.15（b）］。这让人联想到在散装溶剂中分子溶剂化的动力学（尽管光激发物种周围的溶剂分子的空间分布有所不同）。

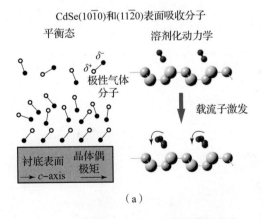

图 7.15　溶剂化、重定向和表面偶极效应

（a）在载流子激发时，吸附质分子从其平衡构型重新定向到新结构，这引起了 2 ps 的延迟

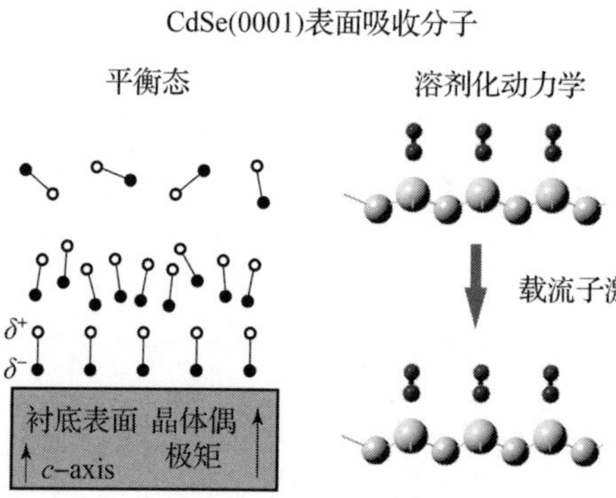

CdSe(0001)表面吸收分子

平衡态　　　　　溶剂化动力学

载流子激发

衬底表面　晶体偶极矩

c-axis

（b）

图 7.15　溶剂化、重定向和表面偶极效应（续）

（b）CdSe（0001）表面的快速响应

环境扫描超快电子显微镜的发展使分子在材料表面的溶剂化动力学成像，从而有希望在飞秒时间分辨尺度研究界面相互作用，其空间分辨率超过可见光的衍射极限。这里涉及具有极性和非极性分子的原型 CdSe 表面，以及两种不同的原子表面结构。不同的动态行为源于环境吸附质分子与相关表面之间的相互作用和结构的差异。这种方法现在有潜力在结构动力学的空间和时间尺度上探索反应性与界面现象。综上所述，超快化学和超快物理的发展使在制造业中超快电子的动态观测与调控成为可能，这将大幅促进非硅微纳制造业等多个领域研究的发展。

7.4　p-n 结中的载流子输运过程

非易失性存储器件等前沿技术广泛应用于各种商业和军事电子器件和设备，是很多国家经济的新增长点。类似于 p-n 结等异质结构就是这些先进技术的物质基础。然而，人们对这些器件界面的载流子动力学过程仍不十分清楚。应用超快扫描电子显微技术可以研究商业化硅 p-n 结（图 7.16）的载流子动力学[8]。

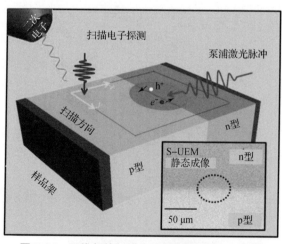

图 7.16　四维超快扫描电子显微镜研究 p-n 结

　　脉冲激光激发后，利用时间分辨成像的二次电子信号可以直接获得物理体系随时间演化的超快过程信息（图 7.17）。通过图像的衬度可以直观地得到载流子局域分布的动态信息。图像衬度的明暗与局部电子和空穴的密度相关联。图像衬度越亮，就意味着局部电子密度的增加；反之图像衬度越暗，就意味着局部电子密度的减少。此外，从图像衬度变亮且扩散可以直观地得到电荷分离的动态信息，从图像衬度变暗且消失可以直观地得到电荷复合的动态信息。综上，通过超快扫描电子显微镜的实时成像技术对 p－n 结进行原位研究，可以直观地得到电荷在 p－n 结以及耗尽层局域分布的动态信息。

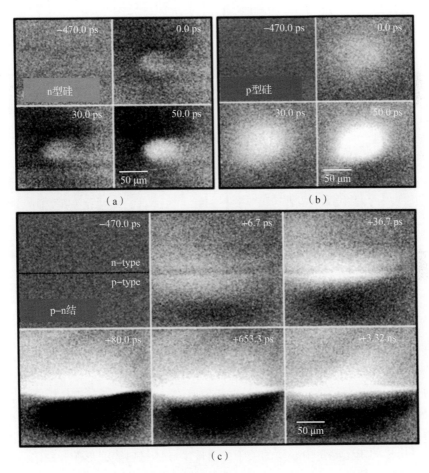

图 7.17　N 型硅、P 型硅及 p－n 结的 S－UEM 差分图像
（a）N 型硅；（b）P 型硅；（c）p－n 结

　　S－UEM 被用于研究在具有明确纳米尺度界面的硅 p－n 结上电荷载流子的产生、输运和复合[5]。与广泛认知的漂移扩散模型的预期范围相反，在 p－n 结中载流子的分离远超出耗尽层。此外，载流子密度在长达数十纳秒的时间范围内取决于激光流量（图 7.18）。观测结果显示了一种弹道运动，并形成了一个模型的基础，该模型解释了跨越界面的时空密度局域化。

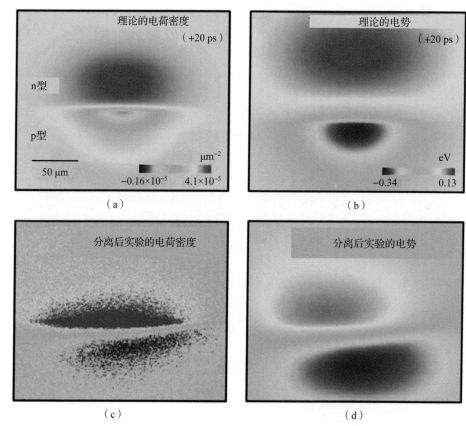

图 7.18 电荷密度的理论模拟与实验结果对比

7.5 总结与展望

自大约 10 年前首次开发以来，4D UEM 已经成为一种令人兴奋的分析工具，为科学家和工程师提供了前所未有的高空间和时间联合分辨率研究材料动力学的机会。这些改进的能力不仅增加了现有的关于材料科学和化学基础方面的知识，而且在潜在应用方面具有巨大的潜力。例如，从 S – UEM 测量中获得的关于光活性半导体材料表面形貌和缺陷的见解，将通过优化缺陷态控制来帮助设计更强大和更高效的光电器件。同样，从 UEM 所展示的能力中可以获得关于材料晶体学和形态动力学的互补信息，扩展了传统 TEM 的时间实验参数。实践证明这些进步具有重要意义。尽管其理论支持略显不足，但仍可用于揭示新材料在载流子超快动力学方面的新现象。这些进步被证明对实际应用有用，更有趣的是，对于被广泛接受的测试，尽管（可能）理论支持不足，但仍可应用于揭示在载流子超快动力学方面知之甚少的新材料、新现象。

参考文献

[1] SUN J Y, MELNIKOV V A, KHAN J I, et al. Real – Space Imaging of Carrier Dynamics of

Materials Surfaces by Second – Generation Four – Dimensional Scanning Ultrafast Electron Microscopy [J]. The Journal of Physical Chemistry Letters, 2015, 6 (19): 3884 – 3890.

[2] SHAHEEN B S, SUN J Y, YANG D S, MOHAMMED O et al, Spatiotemporal Observation of Electron – Impact Dynamics in Photovoltaic Materials Using 4D Electron Microscopy [J]. The Journal of Physical Chemistry Letters, 2017, 8 (11): 2455 – 2462.

[3] KHAN J I, ADHIKARI A, SUN J Y, et al. Enhanced Optoelectronic Performance of a Passivated Nanowire – Based Device: Key Information from Real – Space Imaging Using 4D Electron Microscopy [J]. Small, 2016, 12 (17): 2313 – 2320.

[4] BOSE R, SUN J Y, KHAN J I, et al. Real – Space Visualization of Energy Loss and Carrier Diffusion in Semiconductor Nanowire Array Using 4D Electron Microscopy [J]. Advanced Materials, 2016, 28 (25): 5106 – 5111.

[5] YANG D S, MOHAMMED O F, ZEWALI A H. Environmental Scanning Ultrafast Electron Microscopy: Structural Dynamics of Solvation at Interfaces [J]. Angewandte Chemie – International Edition, 2013, 52 (10), 2897 – 2901.

[6] ADHIKARI A, ELIASON J K, SUN J Y, BOSE R, FLANNIGAN D J, et al. Four – dimensional Ultrafast Electron Microscopy: Insights into an Emerging Technique [J]. ACS Applied Materials & Interfaces, 2017, 9 (1): 3 – 16.

[7] SUN J Y, ADHIKARI A, SHAHEEN B S, et al. Mapping Carrier Dynamics on Material Surfaces in Space and Time using Scanning Ultrafast Electron Microscopy [J]. The Journal of Physical Chemistry Letters, 2016, 7 (6): 985 – 994.

[8] NAJAFI E, SCARBOROUGH T D, TANG J, et al. Four – dimensional imaging of carrier interface dynamics in p – n junctions [J]. Science, 2015, 347 (6218): 164 – 167.

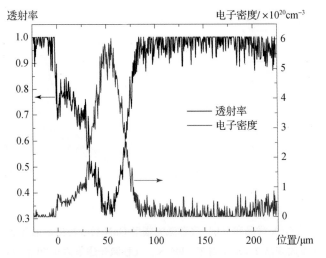

图 3.13　基于瞬态透射率计算得到的电子密度沿激光传播
方向上的空间分布（探测延时为 300 fs）

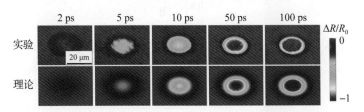

图 5.16　理论模拟和实验观测所获得的相对反射率图像对比

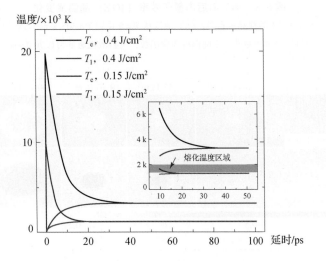

图 5.19　电子温度与晶格温度演化曲线

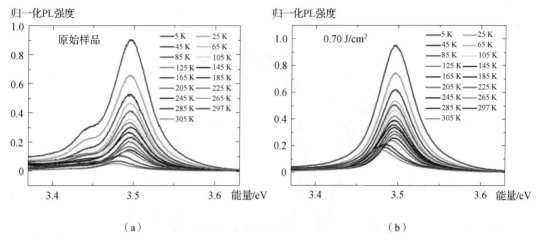

（a）   （b）

图 6.4 （a）原始 GaN 样品和（b）飞秒激光辐射 GaN 后改性区域的变温归一化 PL 光谱
（温度改变从 $T = 5$ K 到 $T = 305$ K，飞秒激光通量为 0.70 J/cm²）

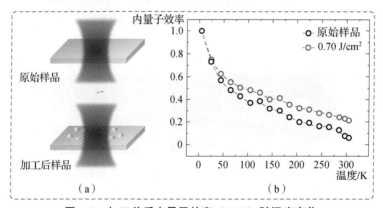

图 6.5 加工前后内量子效率（IQE）随温度变化

（a）PL 测试原始样品与加工后样品示意图；（b）温度从 $T = 5$ K 到 $T = 305$ K 时 GaN 原始区域和飞秒激光改性区域的内量子效率随温度变化函数，飞秒激光通量为 0.70 J/cm²

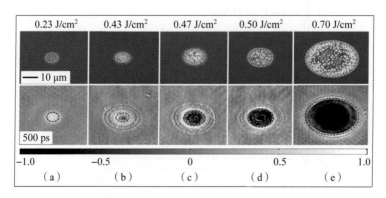

图 6.11 不同能量密度下最终烧蚀结构形貌与瞬态表面反射率对比
（泵浦探测延时为 500 ps，比例尺为 10 μm）

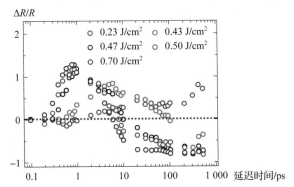

图 6.12 不同通量飞秒激光辐照区域中心归一化表面反射率变化 $\Delta R/R$ 随探测延时的演化情况

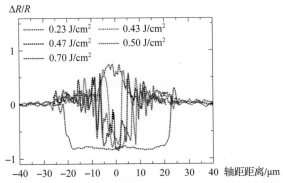

图 6.13 不同通量情况下 $\Delta R/R$ 沿椭圆信号长轴的信号变化（时间延迟为 300 ps）

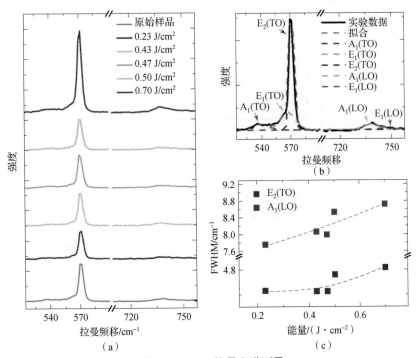

图 6.15 GaN 拉曼光谱测量

（a）GaN 薄膜在 0.23 J/cm² 、0.43 J/cm² 、0.47 J/cm² 、0.50 J/cm² 和 0.70 J/cm² 不同能量密度下激光照射区域的拉曼光谱
（b）原始 GaN 薄膜的拉曼光谱及其高斯拟合；（c）A_1（LO）和 E_2（TO）拉曼峰的半高全宽
（FWHM）关于激光能量密度的函数

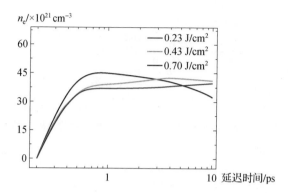

图 6.17 三种典型通量（0.23 J/cm², 0.43 J/cm² 和 0.70 J/cm²）诱导的电子密度演化情况

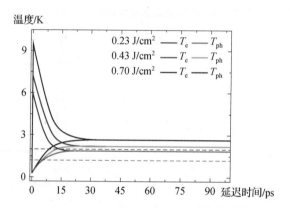

图 6.18 模拟计算不同通量激光辐照后 GaN 表面电子温度（T_e）和晶格温度（T_{ph}）随时间演化函数

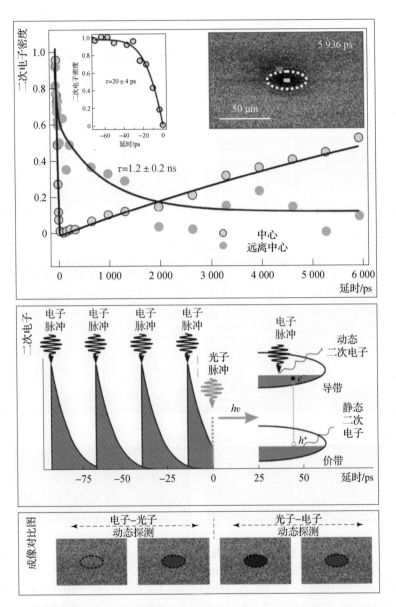

图 7.10 超快扫描电子显微成像研究了载流子动力学过程中的能量损耗和载流子扩散

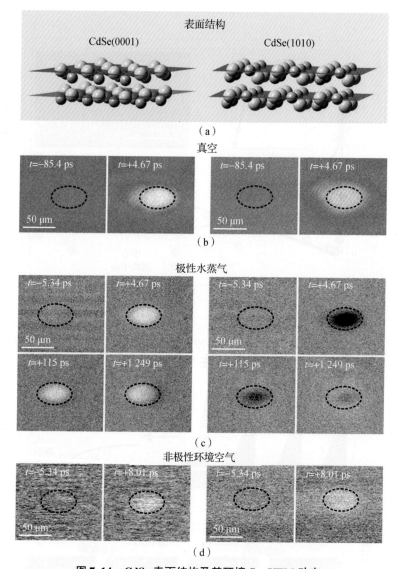

图 7.14　CdSe 表面结构及其环境 S – UEM 动态

（a）CdSe（0001）和 CdSe（1010）未重构的表面结构，黄色为 Cd 原子，灰色为 Se 原子；
（b）~（d）CdSe（0001）（左）和 CdSe（1010）（右）在高真空中（b）、暴露于水蒸气的表面
（b）~（d）CdSe（0001）（左）和 CdSe（1010）（右）在高真空中（b）、暴露于水蒸气的表面
（c）和暴露于非极性环境空气的表面（d）在指定延迟时间下参考负时间框架的差分图像